斯文家风

合肥张家文化解码

王道 著

中国青年出版社

> 张家十姐弟合影(九如巷张家供图)

献给妻子杜洋女士

自序

不知道有多少人真正了解合肥张家的家风文化？

一脉辗转各地流动着的家风，使人在岁月的长河里，逐渐感受到他们数代人沉淀下来的斯文。

这是一个起于乱世的家族。高祖张荫谷（曾祖张树声之父）的祖辈自明代乱世从江西抚州迁徙到肥西三山地区，自此延续着耕读世家的习性，即白天种田耕作，晚上则攻读古籍杂书。张荫谷在科举考试中获得秀才，并广交朋友，维护乡里，从而在合肥的肥西地区形成一定的影响力。但凡有任何需要维护秩序做公论的事件，多由张荫谷出面主持公道。盖因其见多识广，且能够公允断事。张荫谷在太平天国事件中的突出表现使得他更加受到地方的拥戴。张荫谷的几个儿子都参战，而他与李鸿章的父亲李文安联合组织团练对抗进攻庐州的太平军，也是颇有成效。

当李鸿章受朝廷委派回乡组建淮军时，第一个就找到了张荫谷的长子张树声。李鸿章带着秀才张树声去面见对太平军作战的"总指挥"曾国藩，曾国藩对于沉着、稳重的张树声颇为赏识，认为其是大将之才。张树声率几个弟弟出战，后来他的弟弟张树珊战死，受到了朝廷的嘉奖。张树声在淮军中因为学历较高，在接连攻下苏州、常州、无锡等地后，便被调至徐州担任地方长官，是淮军中较早由武登文的官员。

张树声后来陆续又担任过江苏巡抚、两江总督、两广总督、直隶总督（署）等职务，最终在广东殉职。张树声有关于治国理政的奏折和文论，曾得到过朝廷的重视。他热衷于改革旧制，如推动取消科举制，广纳贤才；热心办学，引进外来教员，兴办新式学堂，如在广州黄埔长洲岛兴办的广东实学馆，教学内容和教学方法都贴近近代教育课程，可谓先锋。

张树声家族的崛起，不是一个人的崛起，而是整个家族的事情。张树声身为淮军二号人物，其后人与李鸿章、刘铭传、刘秉璋、周盛波等人的家族皆有联姻。张树声之后，其长子张华奎也步入政坛，在办理教案和重庆开埠方面贡献较大，最后也是以身殉职。张家从此远离仕途，开始走入另一条道路——教育。

张华奎之子张冀牖（张武龄）走了完全不同于祖辈的道路，他远离政治，将继承祖业的大笔财产用于兴办学校。从女学到男学，从初中到高中，最后以苏州私立乐益女子中学最为著名。如今旧址上早已经建造起了新的红色革命教育基地，明确印证这里曾经历过风雨历程，并且走出了一批教育家和革命人士，包括张闻天、叶天底、侯绍裘、胡山源、匡亚明等。一批批杰出的学生成为社会的栋梁之材。

张冀牖除了办学的功绩之外，还为社会贡献了十个优秀的孩子，四姐妹元和、允和、兆和、充和，各以昆曲、诗词、文学、书法等著称，而六个兄弟也是个个有才，宗和、寅和、定和、宇和、寰和、宁和，分别在历史学、新闻业、作曲、植物学、教育学、演奏等领域颇有建树。

而四姐妹的配偶也是各有学问，顾传玠，昆曲家；周有光，语言文字学家；沈从文，文学家、文物学家；傅汉思，汉学家、古典文学家。张家的儿媳，更是各有所长，医生、音乐家、教师、小提琴家等。这个家族从继承家学开始，渐渐成长为一个新式的现代大家庭，他们不入仕途，而专注于各自的领域，从小受到传统教育的熏陶，但同时也受益于新式学堂的教育。

这个家庭创办了一份《水》杂志，从纸质版的编发和印刷，到网络版的世界流传，可谓成就了一个家庭刊物的奇迹，受到了文化界叶圣陶、范用、丁聪、葛剑雄、徐城北、匡亚明、郑培凯等人的关注，他们主动申请成为《水》的家外读者。《水》也滋养了一代代张家后代，从而使得它成为无声的家庭教材。

张家后代的成才之路，是一个值得关注和研究的现象。早在很多年前，就有叶稚珊、汪家明、张昌华等人关注过，后来美国学者金安平特地来中国各地采访，在美国出版了英文版的张家故事，引起了海内外的关注。此书经北大毕业的博士生杨早和凌云岚翻译中文出版后，更是形成一股张家家风热潮。有关张家的著作也是一本接着一本陆续出版。

张家的家风以及具体的家庭教育方法，是可以为今天的年轻家长所借鉴的。年轻父母在为孩子的教育焦虑的时候，能否从中有所发现，或者得到一些启发呢？这也是笔者想让张家文化走向更多家庭的初衷。因此笔者从家风着手，开始收集、整理有关这方面的内容。从接触的张家人以及张家的史料来看，张家家风集中于一个"和"字。张家早期就排定家谱辈分，"和以致福，善可钟祥，承熙永誉，邦家之光"。自张冀牖一代就把"和"字贯穿到了家风之中，不与人争，专心做自己的事情。到了"和"字辈一代更是如此，如水一般，利万物而不争。但是水又具有一般坚硬之物不具备的力量，水滴石穿、不屈不挠、以柔克刚，无私而博爱。

笔者认为，张家的家风值得汲取的地方有很多，如充分给孩子以自由的童年，努力培养孩子的兴趣和爱好；还有提供较为宽松和适宜的家庭成长环境，因材施教，针对每个孩子的特点有所区别地开展培育。

以张冀牖为例，他虽然出身较好，而且物质生活富裕，但他并没有就此陷入个人生活的享受之中。而是主动与大时代接轨，接受最新鲜的先锋思想，阅读陈独秀、鲁迅、胡适、蔡元培等人的文章，并率领一家老小从"安乐窝"里向大城市迁徙。他希望能够及时感受到时代的新风，成为辛亥革命之后的一代人，而不是继续沉浸在晚清的颓废氛围之中，安享祖辈的余荫。

当然迁徙就意味着一切要重新开始，这是需要勇气的，这期间，相信他也征求了妻子陆英的意见，毕竟她比他年长，且自小见多识广。陆英是出身于扬州盐官之家的闺秀，早已经脱离了大家小姐或者贵太太的观念，懂得一切都要靠自己的双手和智慧去获取。因此这对夫妻的组合，虽是媒妁之言，"强强"联合，但也无意中造就了一对对于新生活有共同向往和实践精神的"新人"。

有关张家的书写了不少，而我也参与了几本，多是有关一个家族或个人的成长故事，或是有关他们某个方面的考据和学术整理。在整理张家文化时，有关家风的主题一直悬在心头。

张家文化始终是与时代的变革紧密相连的，如苏州私立乐益女中诞生了苏州第一个地下党支部，还走出了张闻天、叶天底、侯绍裘、匡亚明等杰出人物，更不要说学生中出来的党员干部了，以及张家孩子义助"救国会七君子"的事情。张家长子宗和在高中时曾与诗人好友徐迟，瞒着家人前往东北抗日前线。抗战时期，张定和谱写了大量的抗战歌曲，影响一时。而乐益女中更是常常邀请萧楚女、恽代英、田汉等到校公开演讲，宣传进步思想，为革命组织增添新鲜血液。"五卅"运动爆发后，乐益女中停课数天，公开演出募捐，张家子女也是一起上街为受害者筹款。在完成募捐目标之后还多出一笔费用，于是就修筑了学校旁的一条街道，命名为"五卅路"，至今还有纪念碑遗存。如今这里被命名为红色教育基地，并新增了一组人物雕塑，引来各界爱国人士前来祭拜献花。须知，先进的家风文化是蕴含在骨子里的。

张家之家风不是一两代人的积累，而是经过了数代人的沉淀和自省的结果。其中，不仅仅是张家人，更有张家人的配偶、亲友、世交等的合作才能完成的成果。因此，对于张家家风的梳理，不只是张家成员的事情，还有对于一个时代和不同界别历史的追溯和概括。无论时代如何风云变幻，而张家人似乎总是在主动融入历史洪流之中，始终保持自身家庭的传统。同时积极革新理念，变化生活习惯，发挥各自的能力，按照各自的规划完成一生的使命。

这是一个值得被记录的大家族，尤其是优秀和新锐的家风。张家家风需要被整理和发掘，因为它对于今天的家庭是有借鉴价值和延续意义的。尤其是在大力呼唤传统回归、文化复兴之际，更是值得系统梳理，结合案例，并形成清晰的条理，在社会大众中有序流通的。张家家风文化像水一样，润物无声，却又充满了善意的力量。

王道　癸卯年处暑于书物堂

壹　言传身教　如兰熏风

贵公子改名 / 004

母亲发起"识字运动" / 010

家庭幼稚园 / 015

旧典故，老歌谣 / 019

天真好奇的爸爸 / 024

义字当头，隐忍宽容 / 030

贰　不设禁地　开辟园地

因势利导，人尽其才 / 038

乐律之美 / 043

幸遇良师 / 049

安静的力量 / 054

自由的情感 / 059

幸福是两个人的事 / 063

叁　兴趣引导　天性发挥

一份家庭杂志的诞生 / 072

《水》的复刊 / 077

写作，一生相伴 / 082

低调的诗人 / 088

肆　隐忍宽容　随意天涯
　　隐忍的父亲　/ 098
　　走出去的精神　/ 103
　　一专多能，随遇而安　/ 109
　　从一而终，历久弥新　/ 114

伍　人情交往　虔诚真挚
　　是主仆，也是家人　/ 122
　　张家人的朋友圈　/ 128

陆　不拘小节　不舍旧物
　　个人的命运　/ 138
　　慷慨与大方　/ 142
　　我们一起写日记　/ 147
　　前进与守定　/ 151

柒　审美意趣　风雅永存
　　气质从何而来　/ 160
　　从梅花树到梅花展　/ 164
　　近朱者赤　/ 170

捌　上善若水　斯文家风
　　自然之子　/ 178
　　涓涓细流，如水如风　/ 184
　　新生的力量　/ 188
　　一粒种子　/ 192

玖　家风拾零

　　好玩极了　/ 198

　　油焖笋　/ 198

　　周百科　/ 199

　　去世了啊　/ 201

　　"听电话"的照片　/ 201

　　一个字的电报　/ 202

　　四姨父——伯伯　/ 204

　　一介之玉　/ 204

　　堵门讨字　/ 205

　　大弟新娘俏　/ 206

　　借钱　/ 208

　　住旅馆　/ 208

　　"七岁红"　/ 209

　　校花组团追星　/ 210

　　冒充亲属探监　/ 210

后记

　　没有家风的家风　/ 218

言传身教
如兰熏风

壹

言传身教
如兰熏风

每一个孩子的成长几乎都离不开模仿。张家孩子也不例外，他们的模仿对象，一定少不了自己的父母。父亲张冀牖在新旧交错时期，看到了社会的剧变，也看到了家族内部的糟粕和问题。为了更好地完成对下一代的教育，他率先迈出了第一步，就是带领他的大家庭成员向外走。这恐怕也是继他的祖辈从江西抚州迁徙到合肥三山之后的又一次大行动。一家老小，祖上的积蓄，还有陌生的环境。这些都需要直面。但是不走的话，后一代人很可能会沾染上吸鸦片、赌博、纳妾、游手好闲、玩物丧志等陋习。

改革对于一个家庭来说，也是比较艰难的。毕竟要打破固有的生活习惯，重新建立起一个新的生活方式，并适应崭新的环境。对于张家人来说，上海滩是一个全新的时尚小王国，那里有最前沿的商品，也有最残酷的生存法则，更具有潜在的先锋思想。那里生存不易，但如果具有一定的资本和实力，则可以感受到前所未有的时代脉搏。

对于一个家庭来说，重要的是如何能在早期对形势作出比较准确的预判，并依靠个人的生活经验和长者智慧，早早为孩子们营造一个更适合成长的环境。增长见识，视野开阔，尽可能接触最先进的文化。当然，这一切都建立在父母新锐的思想基础之上，敢于打破原有的安乐，勇于面对全新的开始。而这一切的基础则需要建立在广博的阅读以及对于世事的洞察力之上。

人们常说好家长胜过好老师，其实好的家长本身就是好老师。

张冀牖个人的爱好,如对古今书籍报刊的痴爱,使得他能够从中受益,并传递给孩子们更多的新鲜信息。而他对于新鲜事物的好奇,使他的家教理念更为宽容和开阔。他很舍得花钱去购买新发明的科技产品,如照相机、唱片机、电影放映机、天文望远镜等,他买这些不是为了炫富,也不是单纯为了个人爱好,而是真正地惠及身边的人,也包括孩子们。因此他的女儿充和、儿子定和、寰和都喜欢摄影。而他的孩子则都喜爱读书,把书当成一生的朋友。他最早购买的唱片机,则使得孩子中有人成长为作曲家、音乐家。他对昆曲的热爱和痴迷,更是把女儿、儿子都培养成专业的"票友",甚至是专业的演员和学者,并进入世界著名大学执教。

　　嫁入张家的陆英早早介入家务管理,善待用人,并善于理财。陆英作为一位母亲,对于家中财产合理分配,在孩子们身上则是希望做到尽善尽美,譬如花高价在苏州租下了一个旧式官家的宅园,使得孩子们有一个极好的学习环境,并熏陶他们的爱好。而在自己病重时,则不吝钱财,早早付给照顾每一个孩子的保姆十年的费用,从而确保孩子们以后的生活保障。这些做法,无疑会给孩子们树立一个良好的榜样,让他们早早知道为人的原则,以及怀有感恩之心。

贵公子改名

每一个孩子的成长和成才都离不开家庭的熏陶和培养,他们的成果不只是属于学校,更有父母的直接参与,乃至于更多来自家庭成员的影响。

在孩子心目中,父亲是一个复杂的存在,他可以是安全感的代称,但同时也有威严的一面;他可能会很严厉,但同时也不乏温馨的关爱。

在张家家庭文化中,父母的言行虽然影响孩子们的时间并不算太长,却能给予他们一生的益处。

张冀牖[①]虽然出身为贵公子,祖父(张树声)曾任直隶总督、两广总督,父亲(张华奎)担任过川东道,在合肥、上海、苏州、天津、扬州等地都有房产、商号,家中也是良田千顷(超过两千亩地),但是他身处新旧时代的变革之中,却并没有躺在祖业上"睡大觉"。

---

① 原名张武龄,但自改为冀牖,从而成为通用和常见的名字。

他的族中同辈，有的就此沉溺于奢华生活，靠着祖上遗产，收房租，收地租，或是入股分红，总之不需要自己动手赚取生活费用。衣食无忧，而且家里富足有余，有人伺候着生活起居，还有管家负责收账理财。可以娶妻纳妾，可以抽大烟，可以赌博，也可以享受个人收藏的乐趣。这种快活的日子本身就是一种诱惑。唯有拥有特别自制能力的人才能走出这种"舒适圈"。

张冀牖做到了。他原名张武龄，他的名字是早就定好的，按照辈分是"龄"，而"武"则有更大的含义。他原本是第五房的一个次子。张树声身为家里老大，而其长子张华奎却膝下无子，这对于长子来说，是很不孝顺的，因为老语说"不孝有三无后为大"。因此就从五房之中抱养了一个婴儿，作为张华奎的儿子，从而继承家族的遗泽。这个婴儿就是张冀牖。当时他的名字应该是家族长辈取的，那时的人们都喜欢从《易经》《诗经》中取名字，"武龄"就来自《诗经》："昭兹来许，绳其祖武。"《朱熹集传》里也提到："绳，继；武，迹。言武王之道，昭明如此，来世能继其迹。"长辈当然是寄望这个长孙能够继承家族的荣誉，铭记张家是如何从乱世之中奋斗崛起，同时又是如何靠着刻苦耕读换来了一个家族的庞大基业。

张树声原本只是一个秀才，他带着兄弟们从征战疆场，到成为国家的栋梁之材，官居高位。他的儿子张华奎则出身进士，曾在京城为官多年，后来被调到西部担任川东道，直到殉职在任上。

张华奎病逝时，张冀牖还未成年，少年时即扶着父亲的灵柩回到合肥家乡。在肥西县，张家为这位殉职的家人举行了隆重的葬礼。而葬礼上的主角无疑就是他的儿子，尽管是从五房抱养来的，但是他已经跟随父亲多年，耳濡目染，他看到了父亲办理"教案"的辛苦，也看到了父亲的公务繁忙。但父亲精于政务，兢兢业业，同时也喜欢阅读，还曾参与办学。当他带着父亲灵柩一同回乡时，就有大批的书籍和文房用品随同。

和父亲一样，张冀牖爱读书。家族本就是"耕读之家"，白天干农活，晚间读书学习。所不同的是，张冀牖不只是读旧时的四书五经，他读书不再是为了考取功名，而是个人兴趣和需要。他读《诗经》，也读《汉书》《史记》，也读《红楼梦》，也读陈独秀、胡适、鲁迅的新书和刊物。稍微长大一些后，他就为自己改了名字，把张武龄改为张冀牖。冀，即希冀，寄望；牖，则是一扇小窗户。张冀牖不想再继续按照家族的辈分命名，而是想要从名字上开始革新。按照他的说法，自己就是想在一个新的时代，悄然洞开一个小窗户，既是对自己视野的开阔，也是希冀能对他人有所帮助。

到此，张冀牖的改名意愿还不算完，后来在他办学时，他还一度把名字改为"吉友（与冀牖谐音）"，按照他的说法是，原来的名字太难写，笔画太多了，怕朋友们写起来麻烦。他这人乐善好施，常常借钱给别人，从而也结交了很多的好朋友。这事后来就被女儿写在了回忆录里，张允和在《三姐夫沈二哥》文中写道："祖父给爸爸取名'武令'，字'绳进'。爸爸嫌这名字封建味太重，自改名'冀牖'，又名'吉友'，顾名思义，的确做到自赐嘉名的程度。"可见子女对此事印象之深刻。

对于自己显赫的出身，张冀牗无法修改，但他可以通过修改自己的名字，乃至从家庭改革开始，继而希冀改变全家人的命运。

大人是孩子们的榜样，家族更是后代们的"成长环境"。如何为后辈营造一个更积极向上或者更富有朝气的成长环境，则是张冀牗和妻子要面对的问题。他已经厌倦，乃至看不惯家族的一些传统习气，有钱当然要学会享受生活，但享受的前提则是自制力，而不是无限制地放纵。张冀牗已经接触到了先进的文化思想，他似乎预感到了未来世界的剧变，从具体的生活方面，从个人志趣的追求方面，都会发生巨大的变革。正如同文言文将渐渐退出历史舞台，白话文将成为实用和常用的文体，还有新生活的变化，健康的、积极的将代替奢靡的、颓废的。这种敏锐的观察力，无疑会影响到张家后代的成长，也使得他和妻子敢于作出大胆的决定——走出去！

当然，这种行为的确需要冒一定的风险，更需要一些胆识。或许，祖辈淮军的骨子里就具有这种敢为人先的胆识吧。

附：

为乐益同学录写序

我国往日科举时代，唐朝进士有雁塔题名故事，后世传为佳话。将至前清，每逢举行考试年份，有乡试、会试同年齿录刊行，同时获榜者，互相称为同年，毕业交情甚笃。

顾彼时士人，多数闭户读学，偶以同试、同榜之机遇，成就一种交际，不但本身重视，往往一二世后，认为世交、不废联络。洎入社会服务，同在一界或同在一事业者，因联络有素之故，较之他人，能少隔阂，增进效益。

今诸毕业同学，自入本校以来，数年同师同级，受课一室之内，平时同作同息，切磋互助，其相互关系之切，内心相知之深，迥非泛泛可比。当此毕业离校之际，共聚精神，为编纪念册之举。出校以后，宝此一篇，珍重前程，增加回忆，为意甚佳。顾冀牗有不能易于怀，愿更进一言于诸同学者。

窃以人间世为过去现在将来所构成，过去良好环境与情感，诚宜重视；现在纪念方法，诚宜举行；而将来维持本级联络关系，充分发展各人之意志与能力。加入本校校友会，一方为本校繁荣献尽心力，一方协助本校为民族社会，切实服务，久要不忘，锲而不舍，积之岁月，于母校社会必能皆有裨益，则形迹虽散处各方，而致力之目标合一，以己及人，必获常乐。是则冀牗所望诸同学于无穷，而诸同学必能副同堂师友及冀牗之所望也。

张冀牗（张吉友）
1932年（《乐益女中毕业校刊》）

> 张冀牖

> 乐益女中校歌,张冀牖作词

母亲发起"识字运动"

张冀牖的夫人陆英,出身于扬州盐官之家。她的父亲陆静溪先后在宝应和扬州为官,晚清时期,淮扬一带是盐商的天下,他们富可敌国,各有私家园林并经营多种商号。在两淮盐运司为官的陆静溪,自然也少不了优厚的俸禄,以及数不清的"外快",因此他有钱购买位于扬州东关街黄金地段的宅园,后命名为"冬荣园"。

冬荣就是桂树的别称,南方的冬季,桂树依旧是青绿的。在《楚辞·远游》中有记:"嘉南州之炎德兮,丽桂树之冬荣。""冬荣"寓意不言而喻。这里紧靠着大运河码头,以及唐代遗留下的城门楼。交通便利,出行方便。冬荣园原面积大小已经无法估量,原先的冬荣园有东、中、西三条轴线建筑,现在仅存的院落尚有1600多平方米。在扬州瘦西湖景区,还有冬荣园的一个整栋的楠木建筑,据说是当时拆了之后,重新按照编号组装的。

冬荣园里的徽派建筑和假山、湖石、桂树、枇杷树、兰花、黄杨等,以及各种盆景,都给陆英留下了深刻的印象。父母并没有因为她是一个女儿,就放弃对她的读书教育。她读过不少书,会唱扬州小调,而且还会算术,并跟着母亲学习打理财务。陆英订婚的对象是比她小四岁的张冀牖。从订婚到出嫁,母亲为她准备了多年,其中包括必要的嫁妆,更包括对她今后生活的谆谆教导。譬如作为媳妇,要学会与婆家人和谐相处,要尊敬长辈,要懂得礼节,要学会与用人相处,还要照顾好丈夫的生活,当然更少不了要亲自参与家务,要会女红,并要懂得理财常识等。

在嫁给张冀牖之后,陆英便开始学着主理家务,比如家里有小姑姑出嫁了,或是有老人要过大寿了,也包括对家里用人的管理。当张家全家从"安乐窝"合肥公馆里迁徙到遥远的上海滩时,陆英怀着身孕,还要负责全家近百口人的管理。再次迁徙到苏州,去找临时租住地时,也是怀孕的陆英带着用人去亲自办理的。

丈夫是一位大少爷,对于琐碎的家务和财务不善处理,正是在她的努力之下,全家人包括孩子们才有了一个安稳的乐园。苏州寿宁弄一处私人宅院,带有小小的园林,还养着鹤。这是他们租下来的一个院落,紧靠着护城河内城墙和码头,交通便利,却也是闹中取静。

全家安顿下来后,陆英照旧处理家务。她在家族中创造性地发起了一项活动,那就是教保姆认字。那时的保姆多来自乡下,而且又多是女性,哪里有机会读书认字。陆英身边的一位用人已经成为她的得力助手,从不识字到可以独立算账,从最传统的"鸡兔同笼"开始学起,这可是传自千余年前的古代数学问题,主要是考验学习者的逻辑思维。"鸡兔同笼"中,从上可以计算多少

> 陆英

> 张家姐弟在扬州冬荣园

只脑袋,从下则可以计算多少只足,变化万千,又是身边的例子,颇为有趣。陆英有时拿出现金去买黄金,有时则卖掉黄金换成现金。须知,这种做法是比较有风险的,而且家里的老人们不会同意乱动那些黄金家当。她有自己的办法,还有得力助理,从中赚取不少利润,可谓理财的先锋。

她让孩子们各自负责教自己的保姆认字,认得多的则有奖励。孩子们都有要强的心理,尤其是几个女儿,她们想尽办法,希望自己的"干干"(合肥方言,指保姆)早点多识字,迎接母亲的考核。这种方法对于女儿们也是一种锻炼,尽管保姆们的文化基础参差不齐,但是到底要有个态度,毕竟谁都不希望自己带的孩子落后于人。因此这项小小的运动,给孩子们留下了深刻的印象,长大后她们还很骄傲地回忆,保姆通过识字行动,从而可以阅读一般的小说读物了。这是她们第一次当老师,也为她们以后成为老师奠定了基础。

陆英这个看似随意的想法,却一下子激起了孩子们的争强好胜之心,并且愿意从现在开始,看看自己到底实力如何,又是否能够给予他人以知识的帮助。于是孩子们开始行动起来,利用各种机会,想出各种办法,希望照顾自己的保姆能够尽快学会记住那些方块字,从简单的日常用字开始,大米、水果、小姐、丫鬟、《西厢记》《红楼梦》等,到后来,干脆拿来好看的小说为之引导。毕竟是有传奇、有情节的故事,而且其中的人物,如张生、红娘、林黛玉、贾宝玉等,也都是平时熟悉的。如此一来,保姆们认字的热情也高涨了,要知道,只要学会认字就能够在业余时间自己阅读小说了。反正张家有的是书，古典的、现代的、传奇的、悲情的，都使得她们感到新奇。总之，这次识字运动，不但使得孩子们自发学习和教习，更使得整个家庭都具有了浓郁的书香氛围。在这样的情况下，书就成为一种相互联系的载体，谁读了什么书，又有谁发现了什么好看的书，张先生又买了一批什么新书，这种与书为友的氛围，开始在张家上下渐渐蔓延开来。

家庭幼稚园

张定和是张家三弟,从排行来说,是老七,他上面有四个姐姐、两个哥哥。他后来成为著名音乐家、作曲家,历任中央戏剧学院教师、中央戏剧学院艺术研究室研究员、中央实验歌剧院作曲,中国歌剧舞剧院创作员、指挥等职。他在晚年自述个人简历时,特别提到了自己上幼稚园的经历,3岁、4岁、5岁时,"先在自己家办的幼稚园,后在朱家园幼稚园,最后在江苏省立第二女子师范学校附属幼儿园学习"。

张家的住址寿宁弄就在朱家园地区,那里因为出过朱勔家族而著称。读过《水浒传》的都知道朱勔这个人,因为宋朝皇帝徽宗喜欢大造园林,因此需要大量的太湖石堆叠假山。朱勔因此依靠皇权发家致富,欺负百姓,巧取豪夺,使得江南的很多人家敢怒不敢言。后来宋钦宗即位,重点治理恶政,从而对朱勔开刀,把他定为重罪,予以处死。朱之名声由此更恶。但是朱家园却因为曾经存在过一些雅物和旧园而著名。寿宁弄张家院子是临时租的,但是对于孩子们来说,却是他们最为舒心的乐园。

因为家里孩子多，张冀牖和陆英就在家里办起了幼稚园。清末民初的幼稚园，尚属于新鲜事物，在教育相对发达的地区，上海、苏州、南京已经出现了多种形式的幼稚园。这种带有中西文化元素的教育机构还没有完全成型。张冀牖把家里的大花厅作为教室，请来了多位教师，他们中间有教国文的、教算术的、教美术的，甚至还有专教女孩子舞蹈课的。他们在教孩子们学问的时候，也教他们如何做人。这些老师既有私塾文人的传统，也带着新思想的先锋。

张冀牖很善于选择教师，这从他后来办学很成功就可以看得出来，乐益女中可谓名师荟萃。他自己从不上讲台，也不担任教务，这是因为他对自己严苛的自知之明。

大花厅外种植有很多的树种，有杏子、枣子、柿子、枇杷、玉兰花等。上课的时候，孩子们也会走神，他们更喜欢窗外的风景。安静的庭院里，突然一声轻轻的果子坠落响动，或是玉兰花的片片旋落，都会使他们感到自然的神奇。一到下课时间，孩子们便纷纷奔向树林，捡拾起那些新鲜的果子。白色的玉兰花也不放过，一片片像白玉似的，散发着一股淡淡清香。孩子们请家里的厨师拌上薄薄的面糊，炸至金黄，撒上白糖，吃起来就像是炸慈姑片，味道堪比今天孩子们吃的各种薯片。

家里的幼稚园除了三个女儿（张充和在合肥未回）和稍大的儿子外，也会吸收周围邻居家的孩子加入进来。张家幼稚园开设的课程太多了，地理、历史、古文、书法，还有白话文，每周作一篇文言文和白话文，由不同的先生批改。张冀牖亲自从《文选》

《史记精华录》里选择内容，然后由专人抄写好了作为讲义供孩子们学习。后来幼稚园还开设了体操、昆曲课程。

这个大大的花厅前后通透，窗明几净，有落地格扇和花窗，有传统的榫卯结构，也有着江南园林建筑的意蕴。琅琅的读书声会有恰当的扩音。因为设计得当，冬暖夏凉。二姐允和曾形象地称之"冬宫"和"夏宫"，季节不同，就有不同的景致，学习环境也成为课堂的一部分。

上午上课。下午则是舞蹈、体操或者昆曲。

当然，张家父母也不闲着，张冀牖和陆英各有自己的书房。虽然是租来的房屋，但仍然布局有致。张冀牖和陆英的书房中间隔着一个栽植芭蕉的小院。张冀牖继承了家中的藏书，而且在上海、苏州又不断地新购买了书籍和报刊。陆英除了在书房里写字、记事外，更多的时候就是记账、记录家庭未来的计划。她的书桌上放着一个铜镇尺，上面刻着七个字：愿作鸳鸯不羡仙。

> 张家姐弟成长的摇篮 —— 大花厅幼稚园

> 张家姐弟与私塾老师

旧典故，老歌谣

张冀牖幼年随父亲到重庆就任，乘坐航船途经三峡时，水大浪急，猛烈击打船板，震耳欲聋的响声极大地伤害了张冀牖的听力，由此形成不可逆转的听力障碍。重听并不会影响张冀牖读书，反倒更使他安心阅读。不论是古今历史，还是历史人物，以及名人逸事，他都可以信手拈来。

平时张冀牖多呼女儿为大毛、二毛、三毛、四毛，据说是谐音"猫"，而对于儿子们则多呼"狗"，可见张家对于孩子也并非多么"矜贵"，至少在家人称呼上是随意的。有一次，张冀牖遇到允和，就喊二毛过来，给她讲了郑玄的趣事。

郑玄是东汉末年的大学问家，上知天文，下知地理，著作无数，身后跟随的学生多达千余人，因此就连家里的用人也都可以吟诗作赋。

这个典故说的是，郑玄家里的婢女都读过书，他常常使唤一个婢女，她却总不能意会他的旨意，于是他有意责备或惩罚。婢女不服气，极力辩解。郑玄发火了，就让人把她拉到有泥水的地上跪着。过一会儿,另外一个婢女走过来问:"胡为乎泥中?"这个疑问句是有典故的,出自《诗经》,但是却被巧妙地用于这个场合中。此时跪在泥水里的婢女则回答:"薄言往诉,逢彼之怒。"这句话也是出自《诗经》,虽然说的是回娘家向兄弟诉苦,反被抢白一通,但是用在此处也是极其恰当的。这个故事正说明了张冀牖善于利用旧典故,引导孩子对于古典诗词的兴趣,使得他们知道,即使是在古代,女性也是具有一定学识的。

陆英从小生活在戏曲盛行的扬州城里,可以说耳濡目染了很多老的唱曲和歌谣。时至今日,陆英家的故园冬荣园修复后,还搭起了最好的戏台,恢复昔日的梨园旧貌。

在操持烦琐的家务之余,陆英会教几个女儿唱扬州歌,如《西厢记》:"碧云天气正逢秋,老夫人房中问丫头:'小姐绣鞋因何失?两耳珠环是谁偷?汗巾是谁丢?'红娘见说纷纷泪:'老夫人息怒听情由,那日不该带小姐还香愿,孙飞虎一见生情由……'"

还有《杨八姐游春》:"杨八姐,去游春,皇帝要她做夫人。做夫人,她也肯,她要十样宝和珍:'一要猪头开饭店,二要金银镶衣襟,三要三匹红绫缎,南京扯到北京城……九要仙鹤来下礼,十要凤凰来接人。'皇上一听忿忿怒:'为人莫娶杨八姐,万贯家财要不成!'"

这些古老的唱词里不只是有悠扬的曲调,还有形象的戏曲场面,古代人装扮如何,具有怎样的礼仪,又具有什么样的传奇,从而引起了孩子们的兴趣,在后来的生活中不知不觉受益。

事实证明，张家四个女儿，个个对于古典诗词有所偏爱，如张元和对于昆曲的深谙和理解，昆曲艺术对于诗词功底要求颇高，尤其是作为一个演员来说；张允和也是如此，不但自己喜欢昆曲，还接手了北京昆曲研习社，恢复了很多曲目，甚至引起了周恩来总理的关注并到场听戏；张兆和则从中学时就改编过《王昭君》剧目，后来还创作了一些诗词和新文学；张充和更是成为一代女词人，把中国诗词带进了美国耶鲁大学校园，后来也出版有相关专著。

正如同张元和晚年的回忆，她和先生顾传玠到台湾后，生活一度陷入困境，再后来顾传玠患病去世，都给了她极大的打击。此时，张元和就想起了小时候母亲陆英教她的《女儿经》：

"女儿经，女儿经要女儿听。每日黎明清早起，休要睡到日头红。旧手帕，包鬏髻，急忙去扫堂前地，休叫地下起灰尘，洁净闺门父母喜。光梳头，净洗面，早到闺房做针线。张家长，李家短，人家是非我不管。亲戚邻舍有人来，从容迎接相留款。姑姑丑，姨姨俊，人家论时我不论。……可言则言人不厌，一言既出胜千言……"

张元和说："我这一生做事，不知不觉多少会受这些《女儿经》的影响。例如，我不大喜欢说话，就是脑子里有'可言则言人不厌'在支配我。但我却没有'一言既出胜千言'的能耐。"[①]

当丈夫顾传玠去世后，张元和又一度陷入困境。但无论如何，

---

① 参考张家家庭刊物《水》。

都要乐观面对眼前的艰难，保持以往的家教遗风，继续把日子体面地过下去。张元和后来在台湾传播传统昆曲，又受邀去美国传授和演出昆曲艺术，可谓对中国戏曲传播贡献良多。直到耄耋之年她还受邀回到北京，在全国政协礼堂，为隆重纪念著名文学家、戏剧家汤显祖逝世三百七十周年，与四妹充和上台演出了昆曲《牡丹亭》。当时的一张剧照被著名文学家俞平伯称赞为"最为蕴藉的一张"昆曲图。在场的日本戏剧名家听得流出了眼泪，说大家闺秀演大家闺秀，太精彩了……

1993年元旦，张元和在美国还被导演看中，参加了电影《喜福会》的拍摄，要知道她当时已经年逾八旬，但是电影放映后，却颇受好评。据说元和本在少女时期就有机会参加电影演出，可惜没能实现愿望，此话则要牵涉张冀牖的另一个前卫兴趣了。

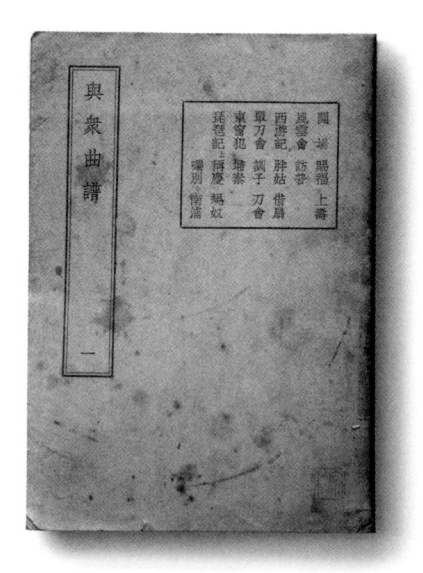

> 张家保存的《与众曲谱》，已捐给中国昆曲博物馆

> 乐益女中体育教师丁景清（右一）与学生们

天真好奇的爸爸

一个孩子如果拥有一个永远好奇的爸爸，那应该是幸运的。

张冀牖这位父亲就是一生好奇，或许是因为接触了太多的先进文化，他通古融今，想到什么就去做。他阅读了大量的现代报刊，20世纪初，正是中国新闻事业蓬勃上升的时期，又处于海派文化的中心，多少前沿的科学发明早已舶来国内。照相机、放映机、电话、望远镜等，都激发了张冀牖无穷的好奇心。

身处在教育领域，而且自己也有较多的时间去摆弄，于是张冀牖花钱买了不少照相机、唱片机，甚至还买了放映机去乡下为农民放映无声的默片。当时需要携带小型直流发电机提供电源，据说片中卓别林的表演还有洛克的滑稽戏逗得观众哈哈大笑。张冀牖花大价钱购买这些设备并没有束之高阁，或者作为珍贵的艺术品封闭起来展示。他任由孩子们挑选、尝试和使用。正如同他的藏书很多，即使是堪称古籍的《红楼梦》刻本，也不觉得有多么珍贵，而是随手放置，只要孩子们喜欢阅读就好。因此几个女儿早早都能熟背《红楼梦》里的诗词。

因为较早接触了照相机，张家三子定和、张家五子寰和都拍摄了大量的摄影作品。张寰和先生还在教育事业之余，成为优秀的摄影家，为苏州地方志，也为张家成员，以及不少好友如蔡元培、巴金、钱伟长、匡亚明等拍摄过摄影作品。为此，苏州方志办、苏州档案馆、苏州教育部门曾专门向张寰和征集苏州历史图片，作为存档和出版使用。

有一次张冀牖在乐益女中学校散步，突然想起来要建一个天文台，购置一些先进设备，让学生们一起了解未知的领域。当然这个计划后来还是搁浅了。毕竟私人办学开支巨大，而且学校已经配备了较为齐全的体育、图书、家政、音乐、出版等方面的设备，甚至还要兴办男校，一时难以应付。

但是这并不妨碍他对天外世界的探索，有一次他突然对教导主任韦布说："你知道吗？宇宙间我们以太阳为中心，有一系列的恒星和许多流动的星球，包括彗星和银河系等，但是你知道吗，宇宙有几个太阳？"韦布不禁迷惑了，难道不是一个太阳吗？"不，天上不止一个太阳系，还有几个，甚至十多个像我们已发现的太阳系，同样以太阳为中心的天象。"不久后，张冀牖就在学校的会客室中添置了一个大的地球仪，并准备布置一些天文图，让同学们多了解天文和地理知识。

张冀牖的好奇心总会不时地冒出来，因为经常带着太太去上海看电影，于是他就想过斥资购买器材，邀请专业人员来成立一家影视公司。当时学校里的教导主任正是韦布，韦氏家族日后成为著名的电影世家，出过上官云珠（原名韦均荦）这样优秀的演员，也出过韦廉这样的优秀导演，而韦布后来就成为电影《三毛流浪记》的制片人，他的家人就住在画家张乐平先生的上海家中，他的晚辈还参与了电影演出。而张冀牖的继室韦均一，就是韦布的亲姐姐。

韦布记得，他曾被姐夫带着多次去上海看电影，看剧场演出。看名角白玉霜的演出，看名家梅兰芳的演出，看反映第一次世界大战的电影《西线无战事》，还有《卡门》《五奎桥》等，看田汉的话剧，看俞珊、郑君里、金焰等名角的表演，使他大开眼界。

因此，张冀牖想着要办电影公司并非凭空设想，女儿们也都喜欢看电影，元和天生喜欢表演艺术，昆曲、话剧、舞蹈等，她都擅长，在学校里也是校花，有个美丽的外号"皇后"。没想到，参与拍摄电影的梦想，直到去了美国后才得以实现。

张冀牖有时突然就想到了一个问题，譬如他很关心允和喜欢哪位古代诗人，就问："小二毛，你喜欢诗词，你对古人的诗词喜欢哪一个？"张允和明显洞察到了父亲的心理，估计自己会喜欢李白、杜甫、李清照一类的，她就回答："我喜欢纳兰性德。"没想到父亲很是高兴，马上就给她找出了纳兰性德的两本小册子《饮水》《侧帽》，说："纳兰性德是性情中人，很可惜三十一岁就死了。这样的才子历史上也少见。"

张允和为父亲的博学所惊叹，更为父亲为她讲述的苏东坡与佛印和尚（谢端卿）的趣闻轶事而深有感触、受益匪浅。

其实张冀牖对于家里用人也是如此。有一次年纪大的保姆端着猪脑在水井边上转悠，左三圈，右三圈，整个过程是不出声的。

张冀牖一看吓一跳，大晚上还以为有人要自杀呢，就赶紧问保姆："干什么？"保姆又不能出声。后来被问急了，就没好气地说："我在拾掇猪脑，说是吃了能治头痛呢。"张冀牖不禁又起了好奇心，问保姆："人头痛吃猪脑，猪头痛吃什么呢？"这位保姆愣了一会儿，倒也会回答他："猪还会头痛？"

从种种的情节中，可以看出张冀牖的天真和好奇心重。他对于教育的理念颇为显著，譬如他始终坚持独立办学，不要官方任何的资助，自主选择学校管理人员和教师，而他自己也从不参与其中。他似乎有自知之明，自觉不够资格担任校长或者教师，但是他却从上海高薪邀请来了一批教师，他不管他们的出身，只是因为看中他们身上表现出来的进步思想，以及对教育理念的热心革新。这批教师中有张闻天、侯绍裘、徐镜平、叶天底、侯绍伦等，即使他们思想激进，但是教学却很受学生们的欢迎，他们给学校带来了活力，并在无意中推动着私立学校的发展和竞争力。新兴的女校需要更新的教学理念，他们思想开明，教学认真，不仅仅是提高学生们的认知，还带给学生们先进的思想。他们致力于推倒陈腐的、落后的东西，并希望创建起崭新的、前沿的平等理念。张冀牖作为一个继承家族产业的"公子"，却并不忌讳他们在演讲或是校刊上涉及对地主阶级的批判，乃至控诉旧式财主的剥削行为。他开明、大度、宽容，只是那时他太天真了，他忽视了当局的管制态度，那些激进的思想是不被允许出现在校园的。

后来迫于压力，张冀牖只得请那些被点名的教师辞职，但是他会照顾到他们的颜面。他在私下里邀请他们吃饭，然后把自己的苦衷如实告知，最后再付出一笔优厚的费用，确保他们可以在短时间内生活无忧。

而当在校执教的匡亚明受到当局的逮捕威胁时，张冀牗又以地方士绅的名义为其担保，说明年轻的匡亚明不涉及政治，只是一名教师。他还亲自辅导匡亚明的古文基础。后来做了南京大学校长的匡亚明又多次回到九如巷张家探望，并对张冀牗当年对他的掩护和资助表示感恩。

> 张冀牖在书房

> 张冀牖与韦布在乐益女中校园

义字当头，隐忍宽容

陆英在她36岁那年，染上不治之症，囿于医学技术，无法得到妥善治疗。尽管张冀牖找来了当时最好的医生，但是也无力回天。或许是自知生命已经到了尽头，陆英都有点厌恶自己了。但是她依然为孩子们考虑，总是一遍遍驱赶儿女们到房间外面去，让他们赶紧出去，说自己房间里"脏"。因为要治疗，因为生活不便，陆英当然知道病人的房间不利于孩子们的成长，甚至有可能被病菌传染。

可是孩子们似乎已经隐隐知道与母亲即将永别，反倒更加愿意到母亲房间里多待一会儿。他们是那么依恋母亲。

母亲必须做出一个决定。她要告别孩子们。但是她始终放心不下他们。她只能拜托那些来自合肥和扬州的保姆们，请她们做个保证，保证把各自怀里的孩子带到18岁成人，然后就可以选择放手了。当然，作为家里的财务主管，陆英还主动做出了决定，提前给她们预支工钱，预支十年的工钱。

面对这份郑重的委托，相信所有的保姆没有不受到感触的。

而孩子们也是记住了这件事情。这件超越了现代契约关系的事情，使得他们幼小的心灵中留下了"义"的深刻印象。做人该如何去实践这个古老的文字，待人又该如何处理这种牵涉"义"的关系？

事实证明，陆英做得是对的。在她骤然病逝后，十姐弟的保姆们都是极其负责地把孩子们带大，甚至还帮他们继续带孩子，有的则在所属孩子家养老并逝世。这种感情，远远超出了保姆与雇主的关系，甚至在孩子们心中留下了非常温暖的回忆。台湾著名导演侯孝贤曾专门谈及，张家保姆和雇主的故事是最为打动他的，他曾经想过把这些故事搬上银幕。但那时却因为四姐妹的演员难以寻找，最后就没有办成。

陆英去世后，张冀牖简直是失去了生活的方向。毕竟家里的一切财务、家务、人员管理、节俗仪式都是陆英安排的，现在真正的"贤内助"不在了，以后该怎么办呢？他本就是个书生，是个贵公子，只是知道生活道理，知道办学理想。但毕竟伟大的理想都是需要具体落地实现的。

幸运的是，张冀牖原本想要办学的地方已经有了，那也是得益于陆英的远见。她在生前有个愿望，希望能够依靠植桑养蚕，从事丝织业增加财务收入，毕竟家中要养活一堆孩子，还要办学校，都是需要开支的。

张冀牖该如何面对妻子的去世呢？他更多的时候是沉默。他耳朵不好，听不见更多的是是非非。但是也没有人更能够理解他内心深处的哀伤和无奈。他更多的时候是隐忍，只会在无人的地方哭一会儿。在孩子们偷偷发现这种情况的时候，才真正了解父亲积极、乐观的另外一面。

张冀牖后来继续走进婚姻,娶了比他年龄小的大学毕业生韦均一,在日常生活中不免会与新妻子产生矛盾,但他总是尽量避免让子女看到大人之间的矛盾。甚至当女儿与新妻子出现矛盾时,他宁愿把她们分开。他常常带妻子去上海住一段时间,或者去看戏,看电影。新妻也是一位戏迷,对昆曲可谓半个专家。有段时间,长女元和与继母有些不和,就去了南通进入好友办的私立女校教书,从而缓冲了两人之间的矛盾。

一面是妻子,一面是子女,对于张冀牖来说,手心手背都是肉。在生活中,他多次斡旋、调和,其间的耐心非一般人所能为。欣慰的是,女儿因为昆曲艺术与继母产生了一些共鸣,甚至四女充和还与韦均一成为曲友。而韦均一唯一的亲生儿子宁和因为远在海外定居,因此奉养继母的事情就落在了五子寰和身上。寰和与夫人将继母奉为亲生,谨慎照顾,包容其不安的心灵。韦均一女士享年 96 岁,生前留下了大量的有关昆曲、诗词的遗稿,并向文物部门捐献了大批书画。

壹 / 言传身教　如兰熏风　　033

> 潘道生绘画的张家四姐妹

> 韦均一与四姐妹合影

不设禁地 开辟园地

不设禁地
开辟园地

现代的孩子智力超常，思维敏锐，常常需要有自己的园地去实践他们的想法。他们思想新锐，多有个性，作为家长应该如何正确面对呢？

张家父母则采取放手的姿态，不会刻意安排他们去参加什么培训班，如音乐、美术、书法或者国学。而是给予他们一片自己的园地，任由他们去打理。譬如张家门前房后的闲地就由姐弟们去规划，哪里种植观赏木、果树或是花卉、蔬菜。乃至于如何处理土壤里的碎砖瓦砾，以及对树木生病或者蔬菜生虫如何处理，全都任由他们自己去决定采取如何措施，并由谁去具体实施。这样的做法就使得他们内部有一个自治、自立的能力，谁来统筹，谁来实施，在这期间就会显现出个人的优势。如四姐充和善于调动大家的积极性，而大弟乐于带头做事，而四弟喜欢植物学，因此就把有关植物病虫害治理的事情交给他了。

因为家里有各种照相机、中西乐器，孩子们可以按照自己的兴趣去练习，三弟定和一开始颇为喜欢摄影艺术，甚至给自己设计拍摄了不少艺术照片，但他后来还是选择了小提琴，并练习钢琴，因为他更钟爱音乐，从而成为一位杰出的作曲家。而张宁和也因为喜欢音乐，从小提琴手开始，成长为共和国的第一代交响乐指挥，并出版了专业的音乐教辅书《音乐表情术语字典》，至今还在再版发行。

从他们的学业选择，到兴趣爱好的选择，再到婚姻的选择，张家的家风似乎总是放手的态度。张宗和本可以考上苏州的东吴大学，然后在自家私立学校执教，但他却果断放弃了这一看似优越的选择，而是报考清华大学历史系，从而成长为一位历史学家和文学家。张充和因为成长经历的变故，在少年时期错过了新式学堂的教育，但却得到了叔祖母给她高薪聘请的家庭教师的悉心教导，从而在书法、诗词专业上得到了格外的长进，即使是面对北京大学的考试，她也是以特长生被"特招"。当然，她并没有因此放弃新式学堂的专业，如英文，她在中学时就开始尝试学习翻译，并在校刊发表译文，这也为她后来出国进入高校工作奠定了坚实的语言基础。而这一切可能得益于家风中的不设限、不拘束原则。家中有着太多的藏书，中文的、外文的，而来往友人之中更有饱学之士，这些朋友也都可能会影响到张家孩子对各种学术思想的广收博取。

张家父母从一开始就声明，子女们，尤其是女儿们，要由她们自己去选择生活的另一半。因此他们采取的措施就是婉拒媒人的介绍，以及用人善意的劝说。无论是元和与昆曲演员的交往，还是允和与"穷"学生的恋爱，甚至是身无积蓄的作家沈从文与三女张兆和的订婚之举，都没有引起张冀牖和妻子的特别紧张，他们一直是怀着宽容和理解的态度去对待。当然，他们也有自己的原则，既然是你们自己的选择，那么作为父母也就不必在乎给予太多的"嫁妆"，他们觉得，孩子必须在婚恋前后学会经济独立。

因势利导,人尽其才

张家四子张宇和从小就喜欢自家花园里的植物,为蔬菜捉虫子,趁着天未明,打着手电,此时正是虫子出没的时候。这个情节曾被张充和写在散文里,发表在《中央日报》副刊上,那时候张宇和还没有成为植物学家,更没有想到日后会成为园林规划的专家,以及出版植物学的系列著作。

在四姐张充和笔下,家里空地都是由他们姐弟自行打理的,父母几乎是不会过问的。过道篱笆上种着茑萝,篱笆用的蔷薇科植物。不远处的僻静地种的则是园林里常见的白皮松、桃树、梅树等。

每当春节之际,张家孩子便在自留地里忙活开了。姐姐们负责剪枝、除草,规划树木、花草、蔬菜的分布,弟弟们则负担一些繁重的活计,翻开土里的碎砖、瓦砾,并搬走它们。

姐弟们分工合作,要开拓出属于自己的园地。父母是不会来管他们的,反正他们各有主张,喜欢做一些属于自己兴趣范围内的事情。有的兴趣,后来则成为他们一生的事业。

张宇和在中学时品学兼优，常常获得奖励，奖学金也拿到过。可是当时却"得罪"了名人校长汪懋祖，居然要被"勒令退学"。什么事情如此严重？因为他致信学校质疑政治老师的教学水平，由此落得个"书面侮辱"的罪名。事后，父亲张冀牖问他详情，张宇和如实承认。原来是讲党义课的老师上课时水平不够，讲课无聊，引得学生上课睡大觉。张冀牖就告诉他说，你没有错，但是学校也没有错。

这件事后来以张宇和转学为结果。对于张宇和来说，他很幸运，遇到了一位开明的父亲。在学校里受到处分后，父亲并没有噼里啪啦一顿责备，而是在了解事情原委后，告知他事情的真相。这使得张宇和明白，很多事情并非表面上那么简单，也不是非黑即白的二元结构，这些要在他长大之后才能够真正地明白。

当然，父亲对于张宇和另一种教育则堪称"另类"。少年张宇和晚上睡觉时害怕"有鬼"，有一天张家对面的人家有老人去世，就请了专业的人为老人"办后事"。张冀牖就在家中过道里搭设了临时床铺，让张宇和接连几天睡在这里，以期锻炼他的胆气。这种做法或许有点过激，但确有成效。这样的做法使得其他兄弟看了很是新奇，甚至觉得是一种"勇敢者的游戏"。总之，以有趣的方式引导孩子，不失为一种有益的尝试。

带张宇和的汪干干俨然是母亲一般慈爱兼严厉，她因为张宇和的双脚长得不够规范，以至于做鞋子很费事，就对他说气话，如果自己生着这样一双脚，索性剁了算了。但说归说，还是照样把给张宇和的鞋子做得漂漂亮亮。

汪干干严格要求张宇和吃饭时不准咂嘴，不准出声，不准把饭米粒弄到桌子上。吃西瓜的时候不准挑选大块的。不准吹口哨，说那样噘着嘴像是鸡屁股眼似的。而且还要站有站相，坐有坐相。虽然她没有读过多少书，又是合肥的乡下人，但她对自己所带的孩子要求一点也不含糊，而且用情极深。

张宇和18岁那年要去日本留学（东京农业大学）时，汪干干大哭一场，还说气话，要回合肥乡下去，再也不回来了。没想到这一回去就再也没有回来（去世），张宇和直到晚年还在写文章回忆这位善良的保姆。

张宇和喜欢植物学，也喜欢书法，从小喜欢写篆字，张冀牖就随时随地拿个工具教他正确书写，用粉笔写，拿手蘸水写，不厌其烦。后来张宇和倒是敢于和四姐张充和比起了书法，甚至还"冒充"四姐的字体，据说可以乱真。

但是张宇和还是最喜欢和植物打交道，他小时候在家里辟了菜地，种植了瓜菜，长势良好，收获满满。而且他还会给家里的桃树、石榴树做防虫处理，没有人知道他有什么独特的诀窍。反正他对于植物似乎是了如指掌。每当外出春游时，就连哥哥姐姐们也都喜欢听他讲解植物的名称、种类、作用。后来他考上了金陵大学农学专业，在校期间获得"金钥匙奖"，毕业后留校任教。执教期间，他本可以继续留学丹麦，但是他却把名额让给了别人。

抗战时期，张宇和跟着大哥张宗和从大后方回到安徽合肥，曾在安徽农业改进所（担任园艺部主任）工作过一段时间，培育了不少优良蔬菜，韭菜、白菜、青菜等。但是他却不会照顾自己的生活，一顿饭炒韭菜，一顿饭炒青菜，或者一顿饭炒白菜，而吃丝瓜时，连皮都不剥去。大哥张宗和去看他时，就提醒他，韭菜炒鸡蛋，多好的菜啊，不会做着吃吗？但是直到结婚后，张宇和做饭时烧丝瓜汤，还是没有剥皮。

"凤凰台上凤凰游，凤去台空江自流。吴宫花草埋幽径，晋代衣冠成古丘。"这是张宇和最喜欢的一首古诗。他写过不少诗歌，他还会自制根雕，其根雕艺术被张充和带到美国后，颇受文化界人士喜欢。而他培植的香椿树也被张充和带去了美国，与众多文化友人年年分享。

1956年，张宇和到江苏省中国科学院植物研究所担任研究员（南京中山植物园的研究员），曾经参与过众多果树、绿化树栽培和园林规划研究项目。出版著作有《果树砧木的研究》《江苏果树综论》《果树引种驯化》等，还有外文译作《柑橘栽培生理》。

而他所带出来的学生之一，中国科学院西双版纳热带植物园原主任、研究员陈进，则受他的鼓励从江苏去了云南边陲。陈进回忆说，在南京农大园艺系攻读果树专业时，果树种质资源专家张宇和的一句话点燃了他的万丈豪情——"去开拓吧，园艺学两片潜力无限的荒野，新疆伊犁和云南西双版纳，都是国家需要人才的地方！"因为在物种保存和科研方面的突出贡献，陈进后来被评为首届"十佳全国优秀科技工作者"之一。

> 张冀牖与他的六个儿子

> 《水》之张宇和纪念特辑

乐律之美

在艺术领域,音乐教育给人的印象是极其深刻的。音乐不像绘画那样有形,也不像文字那样富有质感,更不像理科知识那样有律可循,它是变化多端的,使人摸不着它的头尾,对于外行人来说,甚至是无从下手的。但这却不影响你去欣赏它,热爱它,乃至于去享受它。

在张家,最初的音乐启蒙来自古老的昆曲,这种起源于600多年前的南戏剧种,其韵律被称为"水磨腔",意思是节奏婉转,音律极其细腻。其唱腔就像是流水在打磨着石头表面。中国自古有一种说法,"丝不如竹,竹不如肉"。所谓"肉"则是指人的唱腔。昆曲、评弹、山歌等无不如此。

张家姐妹们在学习昆曲时,也会影响兄弟们的兴趣,毕竟父母也都喜欢这门艺术,甚至把权威的老师、当红的小生请到家里来传授艺术。耳濡目染,笛声悠扬。当然,除了昆曲外,张家还会引进一些时髦的戏剧,如田汉的《苏州夜话》,郭沫若所作《棠棣之花》等。张家父母不但鼓励孩子们参与演出昆曲,还与他们一起扮演角色，在节日期间于家中演出新剧。反正家里有的是乐器，如钢琴、笛子、小提琴等，还有唱片机。

张家三弟定和最早是喜欢摄影的，因为父亲买了很多进口照相机，却没有人使用。他就拿起来摆弄，拍了不少照片，还做了一些实验性的摄影。但他到底还是放下了照相机，转而做起了更复杂的音乐。后来他成为一代作曲家，已经是后事了。

或许是受了三哥的影响，张家最小的孩子宁和也很喜欢音乐。这个唯一出于继室亲生的孩子，一生下来就具有一些独特的气质。因为在他之前，有两个孩子都夭折了。对于他的诞生，老父亲是格外宠爱，每次拍照时都会搂在怀里，而其他的兄弟们则都毕恭毕敬地站立着。

宁和因为年幼，就一直跟在哥哥们身后玩耍和学习。反正他们看什么书，他也跟着看，他们办家庭杂志《水》，他也跟着看看、学学。四姐充和喜欢拉小提琴，三哥定和更是钟爱小提琴，甚至作了不少有关小提琴的曲子。宁和完全是受了姐姐、哥哥的影响，也拿起了小提琴，而且一拿就放不下了。

张宁和后来去上海"国立音专"（今上海音乐学院）学习音乐，就住在二姐张允和家中。抗战时期，他也没有放下手里的乐器，继续研修音乐，乃至开始对指挥起了很大兴趣。

1945年6月6日，尚处于战乱时期，五哥张寰和与周孝华在肥西乡下老家成婚。当时在大后方的宁和得知消息后，背着小提琴，穿越了几个军事隔离线，走过了不同势力的控制地区，一路艰险回到合肥老乡。就是为了在五哥的婚礼上亲自演奏，祝福他们的婚礼幸福美满。这件事在几个兄弟中间，在五哥、五嫂心里，带来了极大的感触，使他们感到，亲情是那么的重要，更是值得无比珍惜的特殊情感。

抗战胜利后，张宁和要去法国巴黎音乐学院留学。但是当时张家经济陷入困境，家里土地和房屋租金收不到。再加上战争期间收入减少，孩子则又增加，为此还卖掉了一些产业。几个兄弟甚至想到了回肥西乡下经营农场。面对小弟弟留学的问题，大家一致决定，支持他去，而且要在最短时间内筹得经费。

这个决定关系到了宁和一生的命运转折。

张宁和不只是在巴黎学音乐顺利完成了学业，而且还成为国际青年交响乐队中唯一的中国人。在巴黎，他遇到了一生的伴侣，一位音乐上的知己。比利时人吉兰女士，国家乐队终身小提琴手。他们琴瑟和鸣，喜结连理。婚后虽然并不富裕，但相互理解。吉兰作为外国人，能自觉融入这个异国大家庭里。宁和带着妻子和岳母多次回国见家人，见姐姐、哥哥，见几位知名的姐夫。

张宁和满怀希望地拥抱崭新的世界，他回国后成为中国交响乐团（中国广播电影交响乐团）第一任指挥，这个新的乐团成立于1949年4月20日。最初，他主要负责为北京电影制片厂配乐。后来又在北京举办了"新片展览专场音乐会""电影音乐专场音乐会"，首次把电影音乐改编为现场音乐会。在音乐会上，张宁和则担任首席指挥。

1954年，世界文化名人德沃夏克逝世五十周年纪念会（音乐会），举办单位是中国文联、中国音乐家协会，郭沫若作序言，马思聪、贺绿汀作专文介绍，其中演奏的交响乐曲目皆为张宁和担任指挥。

1956年，第一届全国音乐周音乐会在北京举行，举办单位为文化部、中国音乐家协会，担任指挥的也是张宁和。

另有同时代的"圆舞曲音乐会"，由中央乐团交响乐队演出，担任指挥的也是张宁和，担任独唱的则为著名女高音歌唱家刘淑芳，她被周恩来总理赞誉为"文化使者"。

张宁和还为弦乐合奏《白毛女》（中央音乐学院附属中学乐队演奏）、《春之舞》（中央管弦乐团演奏）灌唱片担任指挥，这张唱片（中国唱片厂出品）如今还能见到，而且依旧可以听到美妙的旋律。

1958年，为了更好地普及音乐常识，帮助初学者认知音乐表情术语，张宁和与吉兰合著《音乐表情术语字典》由人民音乐出版社出版，经历了这么多年，仍在继续再版和使用中。很多家长都表示，这本小册子对于孩子学钢琴、学弦乐都是很实用的。

宁和后来去了比利时皇家交响乐团工作，他与吉兰育有两个孩子，仍然延续着张家的辈分取名，以"以"字辈取名，女儿是"以大"，儿子是"以蓝"，他们一个学了新闻，在法国巴黎工作；一个学习艺术设计，在比利时工作。当张宁和晚年因病住院动手术时，妻子吉兰对他唯一的安慰就是拿来小提琴给他演奏，甚至等他恢复一些后，两把琴一起合奏，可谓琴瑟和鸣。

他们在比利时时，时常会想办法回到国内，与姐姐、哥哥们聚会，一起畅谈往事，追念故去的父亲。他们经常在《水》上交流，他们的情感如水流动，俨然是一曲永不过时的美妙旋律。

> 张定和早年大提琴照

> 张寰和与张宁和（右）

> 张宁和指挥的音乐会节目单

幸遇良师

张家四姐妹中以张充和最为特别,出生在繁华的大上海,却因为"生不逢时",尚在襁褓之中就被抱回了老家合肥。

如果说四姐妹中最为安静的一位,应该说是张充和。但她的种种表现,却又不是常规的安静,而是在享尽孤独之后,依然保持着生命的活力以及求知的力量。

张充和跟随养祖母回到合肥的张家公馆。张家虽贵为名门望族之后,但是在新的时代洪流中,依然呈现了颓废之势。昔日的官位和显赫已经不再,剩下的则是祖荫旧传,无非是有个宅院,比寻常人家多一些土地和租金收入。家里用人有几个,古籍、文房还有一些。带充和的叔祖母叫识修(佛教法名),是李鸿章的侄女,她的父亲叫李蕴章,是李鸿章的四弟。李鸿章在前方带兵打仗或是在朝中为官应付八方,家族中的一切则托付这位病目的弟弟,虽然近乎失明,但他却把家里财务收支、老少供养打理得井井有条。忙活之余,继续读书,请人诵读,过耳不忘。而且乐善好施,在李鸿章的故乡肥东地区颇有名望。

李蕴章对于子女教育并无分别，或是听从哥哥吩咐，或是自作主张。他的女儿识修既能识字写信，能吟诗诵词，也可以读懂佛经。她继承了父亲乐善好施的遗风，更传承了家族中重视教育的遗风。

识修之所以把充和抱回合肥抚养，就是因为见不得张充和的母亲陆英为难，多胎无子，新请的奶妈又被丈夫追回了乡下。识修主动要求抱走充和，回合肥单独抚养。虽然她们回合肥住在高墙之内的大公馆里，充和并没有进入新式学堂就读，但识修并没有就此忽视了张充和的教育问题。

因为家族遗传，识修知道读书的必要性。不只是为了应付科举考试，毕竟科举制度早已经被废除。说起来这件事还与张家有关。那已经是遥远的张树声时代了。新的时代，更需要文化知识，才能够更好地融入世界。识修不是那种传统的大家闺秀，她经历了家族的剧变，乃至于丧失子女的伤痛，也走出过安乐的公馆，见识过大上海的繁华。

再回到张公馆，识修依旧要为张充和聘请最好的教师，孔孟之道，《论语》《孟子》《千字文》《三字经》等，反正只管跟着先生朗诵，不去管它到底是什么意思。甚至读《史记》也是如此。她也会抽空教充和背诵古代诗词，教她认识植物和蔬果，梧桐树、菊花、葡萄、黄瓜、扁豆、诸葛菜等，识修平时是食素的。

为了张充和的私塾课程，识修花钱请来了安徽六安的才子、举人左履宽，负责教张充和古文、诗词，为充和后来在古诗词方面打下了坚实的基础。

要教孩子写字了，不能马虎，要找个懂得书法的好老师。找来找去，找到了一个吃公家饭的考古专家朱谟钦。朱先生是著名书画家、篆刻家吴昌硕的高足，先在山东博物馆担任工作，后到安徽从事考古工作。识修给他开出了超出其工资双倍的束脩，使得他足够养活一家人。这样朱谟钦就可以定心在张家教授张充和了。

朱谟钦本业考古，善于篆刻，对于古文、诗词、书法都有一定的造诣。按说教授一个女孩子蒙学则绰绰有余。但他并不轻视这份工作，东家李识修出身名门，张家也是望族，家中至今还是藏书累累。朱谟钦对张充和要求颇严格，背诵古文，学习古文点句，试着学习辞章诗韵，书法则更是必修课。

对于张充和的学习书法，朱谟钦有一个得天独厚的条件，附近哪里新发掘了古代碑刻，他就过去拓回来，请充和跟着临摹、练习。因此充和自小就学到了书法最原始的模样，而不是后来经过各种印刷的字帖，用张充和的话说，那种印刷字帖经过多次转换，早已经变了原有的模样，不是胖了就是瘦了，而不再是原有的结构和形状。

朱谟钦本为合肥人，曾用名朱楷，号拜石，后来任安徽省图书馆博物部负责人。他参与过安徽寿县楚幽王墓葬文物整理和考古工作，著有《考订寿县出土古器物初稿》《安徽省立图书馆所藏寿县出土楚器简明表》。师徒相伴多年，直到识修女士逝世，张充和回苏州才分别。

五六年后，张充和再回家乡探访恩师，师徒见面，依旧如故。

朱谋钦特赠予张充和一部自制印谱,他还记得,当年在教授张充和课余,他钻研篆刻,小小的充和就立在桌前,认真看他下刀琢磨,久久不肯离去。朱谋钦对张充和有评语:"张子充和笃于学,颖悟过常人,尤好辞章,年未及笄已蜚声矣。"这个评价不可谓不高,也可谓准确之至。张充和的诗词后来也是自成一家,颇受业界承认,以及年轻读者的喜爱。

张充和后来又跟着沈尹默学习书法,有段时间她刻意学沈尹默先生的字,但是沈尹默先生却对她说:"你千万别学我的字,如真要学呢,就找我的娘家去学。"所谓"娘家"则是向古人学,学晋人字,学唐人字,学宋人字。总之,张充和在小时候就有缘对《书法三昧》先睹为快,加上后天的勤学苦练,名师指点,能够把中国书法带进世界一流的大学课堂也并非运气和偶然。

貳／不设禁地　开辟园地　053

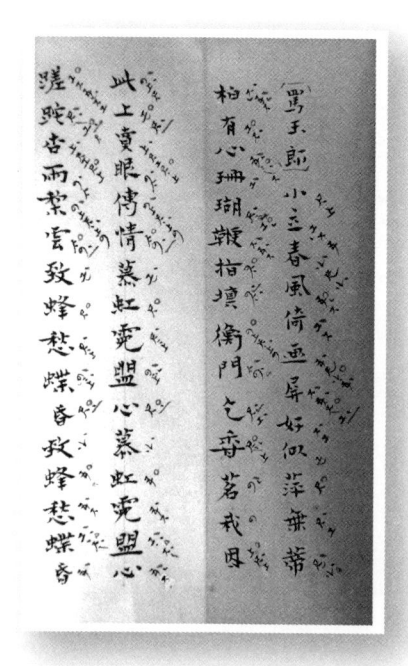

> 张充和手抄昆曲谱，捐献中国昆曲博物馆

> 张充和与沧浪亭文徵明像对视　张寰和 摄影

安静的力量

张充和身上最鲜明的气质就是安静。有人称她是中国《诗经》里的"静女",但她已经超出了传统"静女"的气息,毕竟她不是生在古代,而是正在剧变中的现代文明之中。她虽然生在近代"簪缨之家",却享受着现代化的生活器具,如电力、火车、汽车、照相机等。传统的礼仪尚有残存,如主仆之间,如尊卑长幼,如婚丧嫁娶的仪式,但是新式的学堂已经来了,新鲜的语言如英文已经出现在课堂上,更有白话文、物理、化学、数学、西方诗歌等新式的课程已经等待着她。张充和要保持着固有的传统学识,如古文、书法、诗词等。但同时也要兼容并取新的内容。毕竟她是生活在一个现实的空间之中,因此她要去试着接受,并努力去把自己融入进去。

记得当初张充和被叔祖母抱养时,临别前曾想过请人算命,选个黄道吉日再离开家里。但是张充和的母亲陆英却没有那样做,而是随手把自己手腕上一根系着红线的饰品拴在充和小小的手腕上,然后说她会自由决定自己的命运。随后即被抱回合肥。

但是每次充和随着叔祖母回来"省亲"时，她都会吃到最爱的一道菜——板栗烧鸡。而且每次在离开苏州家中乘车回合肥时，母亲总是和她同坐一辆人力车，一直送到车站才肯分别。这样的记忆使得张充和可以回忆一辈子。

因为早早离开母亲，后来又因为母亲早逝，张充和天生缺少母爱，因此每当有人问她是谁生的时候，她总是回答：祖母。别人就会笑了。笑什么？谁不是祖母生的？

当张充和有一天明白了母爱是怎么回事时，她才明白，小时候，母爱，一直都在的。张充和明白人间事理似乎总比别人慢一点。因为她太过于陷入"世外"的世界。

小时候跟着祖母出入庵堂寺庙，听着梵界的赞歌，使她熟悉了另外一种音乐的旋律。更因为接触了庙庵的慈善，例如救济贫困，收养孤儿，与失明的小尼姑玩猜颜色游戏，都使得她的情感比别人更加细腻和温和。但也使她学会了坚毅和自立。面对怒目的金刚、造型各异的罗汉、佛像，她明白了人世间的敬畏和信仰。又因为感受到了清净的境界，她突然悟到了寺庙里的哲学，例如到底是风动还是旗幡在动？

张充和总说自己是一个退步者，她并不会盲目追求所谓新风尚。她不喜欢热闹的街市，更愿意去清净的园林找寻残存的碑刻，去浩瀚的大海边感受磅礴之气，或是待在自己的阁楼里看书练字。或者去养马人的圈里骑上一匹骏马，围着城池驰骋几圈。

张充和回到苏州家中后，进入乐益女中就读，开始了全新的课程进度。她必须面临新的挑战，迎难而上，继续向前求学。从初中到高中，从高中到大学，而不再是寻常的科举考试。她从苏州走出去，再次回到诞生的地方——上海。此时的上海，早已经与世界对接，多种语言的交织，多种教育制度的汇合，以及更现代的生活方式已经成为寻常。例如学习英文成为普遍的课程，张充和也不例外，她试着去一遍遍背诵单词，去努力组合成为句子。在老师的鼓励下，她居然敢于翻译世界名家的作品。如小泉八云的诗论，小泉八云是一位成长于日本的英国籍作家，写作的却是欧洲著名诗人的议论文。张充和学着从点滴开始，凭着自己的执念和对于诗词的掌握程度，居然把一篇诗论翻译出来，并被刊登在了校刊上。

或许正是这种无畏的勇气，使她敢于报考当时中国一流的高等学府。在上海中学毕业后，张充和便大着胆子报考了北京大学，当时四门科目必考，国文、历史、英语、数学。张充和的国文考了满分，据说还是第一名，这得益于她从小的良师，以及对古文点句的熟谙。而历史也不是大问题，家中藏书丰富，不管是宋元版本还是明清刻本，反正都由她去翻读。张充和很早就读到了《西厢记》《牡丹亭》一类的刻本，因此对于昆曲的学习颇为受益。至于英语，因为多加努力，又有高昌南老师指导，也能获得一些分数。只是数学却是实在无法应付。到了晚年，张充和还自述对数学实在没招，不是努力就能办到的。或许是因为偏科，也或许是小时候的教育问题，据说数学是零分。

为此当时的北京大学文学院长胡适先生决定，仍要"录取"这个"偏科"的女生，只是作为"试读生"，而且要求她必须在数学课程上下功夫。

1934年9月24日北京大学新闻社主办的报纸《大学新闻》在第一版报道：

北大新生中的女杰[1]

北大此期招生投考数千人，各科试卷由各系主任分别总评阅，文学院长兼国文系主任胡博士于评阅国文试卷后对人云：此期新生国文试卷以张旋女士者为最佳。言下似有得此女弟子已足满意之状，盖张女士报考之学系又适为国文系也。女士年尚幼，俭朴诚笃，不趋时尚。擅长于文学而数学则非其所好，以是此次考试结果，仅以试读生入学，然此殊无碍其努力文学也，吾人当刮目俟之！

由此可知，张充和在数千考生中，国文试卷成绩排榜首，而且受到了胡适的褒奖。只是张充和用的是别名，张旋也是她后来写作用的笔名之一。此次考试事件被《大学新闻》报道。张充和看似安静朴实，却也有自己的性格和智慧，她并没有因为担心数学太差而惧怕报考北大，只不过换了一个名字，照常争取学业的可能性。或许是因为遇到了好的老师，也或许是命运使然，总之她拿到了北大的入学证书，这本身就是一种励志的经历。

---

[1]《北大新生中的女杰》刊登于《大学新闻》1934年9月24日。

> 张充和昆曲剧照

> 杜洋之作版画《身段》

自由的情感

　　张家四个女儿渐渐长大,自然会引起热心媒人的关注。作为父亲,张冀牖选择婉言拒绝,他说她们的婚姻由着她们的选择,他不会干涉的。

　　此话一出,媒人只得知趣而去。但是事实情况却并不如想象得那么简单。以长女元和为例,她从就读大夏大学后,情窦初开,暗暗喜欢上一个昆曲演员。大夏大学当时也是上海较好的学校,后来被合并为华东师范大学。当时大夏大学里有四个女生被评为"校花",张元和是其中一个,外号"皇后",意思是她的气质比较雍容华贵,端庄大方。

　　20世纪初期的"百戏之祖"昆曲,已经开始走入末路,外来电影、话剧、舞剧的冲击,以及本土新兴娱乐形式如舞会、影院、京剧等的崛起,昆曲的演出完全是借着原有的观众,以及名角的支撑,还有一些名家票友的捧场。总之,在那个时代,昆曲的名角是具有一定吸引力的,可以引起粉丝的追捧,为了一出戏,为了一个角色,可以使观众频频购票投入。但是相较于业余的票友，他们的地位又是卑微的，因为票友都是一些出身名宦或者富家的子女。

张冀牖喜欢昆曲，他的几个女儿也都喜欢昆曲。张元和也不例外，甚至常常装扮昆曲里的角色，与昆曲票友们一起举行雅集。张冀牖把苏州昆剧传习所最好的昆曲前辈请到家里授课，甚至不忌讳闲话，把昆曲演员请到家里来，给他们资助，让他们给孩子们指点昆曲唱作。当时的名角小生顾传玠就是其中一个。

顾传玠与弟弟因为家贫而去学唱戏，后来得名师指点，个人也有天赋，从苏州演到上海滩，成为一线的明星演员，就连梅兰芳都来找他配戏，甚至邀请他做长期组合搭档演出。梅兰芳擅昆曲闺门旦、正旦，京剧里则可演出青衣、花旦、刀马旦等。顾传玠则是一流的小生，《狮吼记》《太白醉写》《牡丹亭》《凤凰山》等都是他擅长的曲目。在昆曲界，"一介之玉"迷醉了多少戏迷。顾传玠的弟弟也是一名优秀演员，可惜的是，在学戏过程中染疾早逝。而顾传玠虽然已经红透了整个昆曲界，并且站稳了上海大舞台，但是传统观念的压抑，以及社会对于特殊职业的歧视仍然还在。例如"戏子"的称呼，门户之见的眼光。再加上同行的嫉妒，以及薪资分配的矛盾，都使得顾传玠想要跳脱昆曲演员的角色。他渴望能成为一名真正的知识分子，可以与观众平起平坐，甚至能够成为令人羡慕的文人雅士，乃至富豪之家主。

张元和因为喜欢顾传玠的昆曲表演，在大学期间带着同学们去买票支持他的戏，甚至还致信顾传玠"点戏"。这样的"追星"并没有被家里批评和阻拦。后来改了名字的顾传玠还成为张家弟弟们的好友。

顾传玠从昆曲界出来，改名顾志成，就读东吴大学附中，与张家长子张宗和成为同学。再后来则常常出入张家，做雅集，教张家姐弟昆曲。顾志成一度成为上海光华大学附属中学的教师，可是教书没有几年，则又投入商海。上海是经商的天堂，但也不是每个人都适合经商。顾志成频频在商海失意，倒是对昆曲仍然继续兼职，甚至多次加入公益募捐的义演。每次演出，元和都会赶去捧场，甚至还拉着父亲、弟弟们一起去捧场。

张冀牖当然知道顾志成还是顾传玠，顾传玠是专业演员出身，按照当时的门户之见（实际上后来媒体报道他们的婚姻也用的是"下嫁"这个词），张家是不会把女儿嫁给演员的。但是张冀牖不但没有阻拦，反倒默默地鼓励他们在一起。

元和从上海大夏大学毕业后，一度想去北京继续深造。作为家中长女，她端庄秀丽，落落大方，可谓才貌双全，但是她喜欢顾传玠，宁愿放弃继续深造的机会。即使是在抗战时期两人还在一起，不肯分开。因此，两人这就算是"私订终身"了。作为父亲，张冀牖依旧是不干涉。只是遗憾的是，后来，张冀牖因病早逝，未能参加长女的婚礼。这也是元和自述最遗憾的一件大事。

不过，作为父亲，张冀牖还是参加过别的女儿的婚礼，甚至在生前也默认了另外两个女儿的婚姻对象。

> 顾传玠照片

> 顾传玠与张元和结婚照

幸福是两个人的事

张家女儿中，以张兆和与沈从文的婚姻最为传奇。沈从文只身一人从湘西乡下辗转多地打拼，到过北京、上海、南京、青岛等地，但是因为没有学历、没有背景而四处碰壁，险些饿死街头。后来在林宰平、徐志摩、郁达夫、胡适等人的帮助下，终于走上文坛，甚至还走进了大学讲堂，成为一名大学教师。

沈从文认识张兆和就是在中国公学课堂上，他们严格来说是"师生恋"。但是当时的校长胡适并没有阻止，或许是爱才心切，甚至还劝说张兆和考虑一下。张兆和没有理会，她更想把心思放在学业上。但是沈从文却对张兆和一见钟情，并且一发不可收拾。他不停地给张兆和写信，写情书，雷打不动，孜孜不倦。他没有别的可以献给她，他只有发自内心的文字。

写了信还不算，沈从文后来在青岛的山东大学任职后，便大着胆子到苏州来拜访张兆和。张家人却并未责难这位"不速之客"，反倒以礼相待，一方面招待来客，一方面派人去找外出的张兆和。老师来家访，怎么能避而不见？后来沈从文选择提前离去，暂且在苏州住下，从长计议。张兆和则被二姐督促着去喊老师回家来，就说家里弟弟多，请他这个作家来给他们讲故事。

张家人上下崇文，对于知名作家更是热情招待，小五弟寰和更是拿出了自己的零花钱，给大作家买了汽水来喝。沈从文大为感动，此后创作一本神话类小说集，在后记中注明，为张家小五哥所作。

追求张兆和的男生不少，这位学外国文学的女生却是一位运动健将，常常代表学校带队外出参加篮球比赛。健康的身体，精致的五官，坚毅的气质，尤其是以微黑的皮肤为显著，因此得了个"黑牡丹"的称号。沈从文彻底被迷住了。

沈从文带着一批外国文学名著"有备而来"，有契诃夫的英文版作品，还有带着滚烫之心的情书。一封又一封情书，矢志不渝。直到得到回信。张冀牖获知此事后，并没有阻拦这场婚事。沈从文只是一介布衣，没有固定的居所，也没有显赫的工作，有的只是不时迸发创作灵感的精品问世。张冀牖说知道沈从文，也读过他的东西。对于他和三女儿来往，并不反对。

直到沈从文与张兆和结婚时，张冀牖也只是送了一部《宋拓本王羲之王圣教序》字帖。这也是他对于孩子的放手，既不会干涉他们的婚姻，但也不会给予他们太多物质的赠予。一切都要依靠自己的能力，他宁愿把更多的钱财投入办学事业上去。而且学校还要保证有一定比例的贫困学生可以通过考试直接进入学校，学费和食宿都是免费的。

另一个女儿允和与周有光也是如此，他们的结合也是自由恋爱。周有光虽然祖上显赫，但是到了他这一代已经陷入贫困，母亲靠着给别人打零工赚取生计，周有光的妹妹在张家女中就读，周有光得以认识了张允和。周有光以优异成绩考入上海圣约翰大学，该校在当时是一所极负盛名的大学，可是他却因为拿不出学费而为难。后来还是靠着亲朋的接济才得以顺利就学。

在这种情况下，让他立即答应与心上人的婚恋关系，恐怕是艰难的。毕竟他只是一介书生，甚至连自家母亲都无法顾及。因此在浪漫的黄浦江畔，这位帅气的学霸犹豫了，他甚至想要暂停这段已经开始了的感情。为此他致信张允和，坦陈心事，"我恐怕不能给你带来幸福……"

张允和接到这封信后，很快回了一封长长的信，内容主要是表达一个观点，幸福不是一个人的事情，而是要依靠两个人的共同努力。她鼓励他，她并不嫌弃他暂时的窘境，她对他充满了信心。

当两个人都从大学毕业能够独立自主之后，他们终于开始了甜蜜的恋爱之旅。

当他们的婚礼在上海举行的时候，双方家庭欢聚一堂，张冀牖坐在了家长的位置，为他们献上了最诚挚的祝福。他们举行的是新式的婚礼，新事新办。作为娘家，张冀牖则给了一对新人两千元资助，只是这两千元来得有点意外，简直是意外的惊喜。张冀牖不善理财，常常把家里的存单丢三落四，这次不知道怎么突然发现，张家在汇丰银行里还有存款两万元，但是存单找不到了，按照规定是没法取出来的，怎么办呢？于是张家找到了在金融界工作的表亲刘滋生，这才把钱取出来。张冀牖从中拿出了两千元作为一对新人的贺礼。而张允和与周有光则拿这笔钱去日本留学,留学一年中收获颇丰。

作为家长,张冀牖对于女儿们并没有什么特别的照顾,让她们像众多的年轻人一样,坚持读书上进,然后靠自己的能力和专业在社会上立足。至于她们的工作和婚恋,他是不干涉的,当然,也不会因为家底殷实而给予她们过多的照顾。

或许是因为小时候受家境之困的影响,周有光后来在上海从事教师工作,但还是以所学专业兼职金融工作。而张允和从上海光华大学毕业后则从事中学教师工作,还兼职编写报刊专栏,积极呼吁女性之独立思想。

貳 / 不设禁地　开辟园地　　067

> 张允和、张元和

> 张允和与周有光结婚照

兴趣引导
天性发挥

叁

兴趣引导
天性发挥

　　文学是所有孩子应该具备的爱好和修养。张家孩子因为父母的热爱，因为家中藏书多多，也因为私立学校有多种刊物，更是直接从阅读到尝试编写、出版。可以说父母给予孩子爱好的自由，使得他们在一生的事业中都能够受益。无论他们从事任何职业，文学始终是最好的基础和帮手。可以说张家《水》的创办，给了孩子们一个没有限制的文学舞台，任由他们在这个舞台上尽情展示自己的文学修养和才气。从而对他们以后无论是从事工科、理科还是文科，乃至艺术领域的工作，都奠定了极好的基础。

　　如今的父母似乎更专注孩子们的成绩，而不是基本的文化基础，须知一切的特长或是综合成绩都要建立在坚实的文化基础之上。如果没有基本的古今诗歌修养，又何谈韵律的塑造？如果没有富有思辨性的文论，又何谈理工逻辑思维的塑造？文学乃百艺之母，更是对于一个人缜密思维的培养。杨振宁父亲是名校物理学教授，杨振宁更是青出于蓝而胜于蓝，成为杰出的物理学家。但他自述在7岁就能背诵《孟子见梁惠王》全文。

张家孩子不仅以《水》作为各种文学的试验田，散文、日记、书信、小说、评论、书法、绘画等，同时也以此为基地，形成强大的亲情凝聚力。无论是在战时，还是平时，《水》都是大家相互联络、互通有无的一个家庭纽带。使得他们无论身处哪个国家，哪个地区，都能够通过这个平台，了解到大家庭成员的情况，从而也自觉为这个平台贡献自己的信息。

　　现在的家长，应该考虑利用更多的机会给孩子以良好的文化基础熏陶，比如，听文学讲座、非遗文化体验、听音乐会、看画展、去博物馆亲子阅读等，都是极好的文化基础的积累形式。

一份家庭杂志的诞生

张家的家庭文化中有一个独特的实体,那就是《水》杂志。它从20世纪20年代走到了21世纪,从姑苏小巷中走向了世界各地。它的读者也从一个家庭,走向了社会大众,乃至撰稿人也从家庭成员扩大为著名学者和出版人。

很多家庭都有编辑家谱的做法,工程浩大,花费不菲。当然这也是家族文化的一种集中体现,而且也是传统文化的一种自觉传承。但是张家自从张冀牖一代开始,似乎就看淡了家谱的组织,在逢年过节时也没有像一些显赫人家挂上祖宗喜神像,大兴祭拜,甚至连清明节扫墓都很少做到。

相反的是,家中的孩子更愿意发挥想象力和创造力,去开始编辑新的"家谱"。这份"家谱"名为《水》,之所以命名为"水",或许是因为张家的文化总是与水相连接。张家本就是迁徙的家族,从江西龙虎山到安徽肥西紫蓬山,从长江漂流到上海,又从上海来到了苏州。苏州本就有"水天堂"的名号,是一座被水滋养的古城。在中国的文化里，"水"代表着善意，代表着宽容。上善若水，海纳百川。

张家孩子多，而身为家长，张冀牖和妻子都不愿意去亲自管教，更多的时候，还是"自治"。大的姐弟就成立了一个文学社团——水社，还创办了一份杂志《水》。

他们自己撰写文章，日记、随笔、散文、小说、漫画等题材不限，自己设计封面，自己刻印蜡版，自己动手印刷，然后自己完成发行。

1929年的某一天，第一期《水》在苏州九如巷诞生。

这本《水》创刊初期，大家约定的是月刊，即每月一期。主编则是轮值制。成员不只是张家大一些的姐弟，还包括张家的朋友，如窦祖麟，窦家从张家的世交，成为姻亲，三代友好而不绝。张家五弟张寰和晚年还在撰稿回忆窦家革命人士窦祖龙的故事，发表在张家的《水》上，使人知道了这位无名英雄。

张家姐弟各有好友，而且才气相当。如张充和的好友许文锦，她出自杭州名门，却早年丧母，无奈寄住在别家度日，但她早早成熟，用功读书，立志于教育。她在乐益女中就读，与张充和成为至交，甚至到了美国后，两人还时常有所来往。许文锦嫁给了著名图书馆学者钱存训先生，并协助丈夫在抗战期间保护了中国一大批珍贵古籍善本。到了美国后，许文锦从事教育事业，在芝加哥大学做讲师，成为东亚语文系第一位讲授中文白话文的讲师，在教学中她致力于传播中华文化，讲授《孝经》《论语》《孟子》等。后来她还自己创办教会中文学校，使得很多热爱汉学的中外人士受益。

早在乐益女中时期,许文锦的日记、书信就被刊登在校刊上,相信她的文章也会被刊登在《水》上。据说,张家大弟宗和还是她的"仰慕者",在日记里偷偷记下青春心事。

张家大弟宗和在日记里记录了《水》出版的信息,如何组稿,如何排版,如何讨论,可谓迄今为止最完善的《水》档案记录。[①]因为在抗战时期,张家《水》杂志"全军覆没",后来经过多方寻找,也没能找出一本样刊。

根据张定和的回忆,他们曾跟在姐姐哥哥身后办了一个"九如社"。说的是1928年,他12岁,与10岁的四弟宇和,还有好友高奕鼎,组成一个九如社,并作了社歌:"九如巷之中九如,我等振起精神。前途之广大,永无尽头,努力,努力,向前进。"宇和作词,定和作曲,回头去看,已经成为作曲家的定和则觉得那首歌,在音程和声区上都还是适合儿童演唱。

五弟寰和因为年龄小,被撇下了,不服气,马上拉起了自己的"队伍"——李孝侯、吴国俊、何增禧等,成了一个"涓流社",还写了毛笔大字张贴在窗户的玻璃气窗上,以鼓舞士气。

正是在这样的气氛之下,张家姐弟无论是写作、组织稿件,还是对于文章、美术的鉴赏,以及对于生活中发生的种种事务,

[①]《张宗和日记:1930—1936》张宗和著,张以㳇、张致陶整理,浙江大学出版社2018年8月。

都会产生较好的观察能力。以五弟张寰和为例,他后来考上了西南联大,常有文章在当时的报刊上发表,取得了稿费则作为抗日"劳军"之用捐款。此后张家《水》的复刊,以及张家史料的整理,也得益于张寰和的工作,他还成为一代摄影家,为苏州古城留下了一大批珍贵图像。

> 张家旧宅建筑（沈红绘画）

> 乐益女中校刊封面设计

《水》的复刊

1996年春,中断了多年的《水》复刊第一期在北京出版(现存有复刊号《水》实物)。主编为张家二姐张允和女士。

张家《水》杂志的复刊,不只是唤起了一代人的兴趣和记忆,还带动了张家"和"字辈第二代人,乃至第三代人参加到家庭杂志的投稿之中。这是复刊人所没有想到的意外收获。

张允和在复刊的《水》上发倡议信:

多少年来我有一个心愿,想写我们的爸爸张冀牖,特别是写他独资办学的经过。校董叶圣陶先生也几次催我写,寰和五弟也要我写。我想,不但要写爸爸的事,还要写我们一家人的真人真事。这是一个宏大的工程,不是我一家人的力量可以完成的,我要发动张吉友一家人,就是我们爸爸的10位子女和他们的配偶来完成,也要他们的子女共同努力来完成。

首先,大家都来写我爸爸的回忆录。其次,写自己,写配偶,写子女,甚至于孙子、重孙都可以。最后,写在我们家的外人,如教书先生、保姆、门房、厨子等。

我自幼在家塾念古书，最佩服的古人是司马迁。我想学习司马迁的体裁，写一篇叫《保姆列传》。

（张家家庭刊物《水》复刊号）

这一年，张允和87岁，是年龄较大的一位刊物主编，当然这份刊物没有正式刊号，也没有定期出刊的日期，只是尽可能地联系国内外的张家成员，让他们继续发挥各自的写作、绘画、书法、摄影等方面特长，继续为《水》服务。

在所有的正式发行的刊物面前，张家之《水》就如同一株奇葩重生，它的复刊也引起各界关注。复刊杂志上的内容有回忆父亲张冀牖的，也有回忆门房工人的，也有记叙当下个人生活的。从此《水》就像是一张网，把更多张家的成员连接在一起，成为一个虚拟的根据地。

张允和身兼主编和撰稿、发行，各项工作驾轻就熟，这得益于她在北京昆曲研习社的工作经验。因为从小对昆曲的热爱，常常参与一些昆曲的演出和拍曲活动，使得她在北京昆曲界小有名气。北京昆曲研习社的社长一度为俞平伯先生，而张允和就成为联络部的"部长"。当俞平伯因为年事已高退出实际职务时，大家都推选张允和成为新一代的社长。在社团里，她认真筹划昆曲传承和演出活动，还要精打细算每一笔支出和赞助，并义务编发《社讯》，使得这份内刊更具有可读性，并记录了昆曲界的大小事件。后来张允和曾把发表在这些刊物上的内容连同个人日记，编辑成了《昆曲日记》一书出版，开始时还无人问津，后来居然引起热销，并很快再版，从一本书变为上下册，再后来又出版了精装本，从而成为近代昆曲的珍贵记忆和史料。

张允和复刊《水》杂志后，带动了先生周有光的加入，撰稿、编辑，还用日本三菱公司赠送他的中文打字机帮忙录入。接着是儿子周晓平的加入，这位著名气象学家、中国科学院大气物理研究所研究员也开始撰稿，晓平女儿周和庆身在美国，也会不定期发一点通讯回来"补白"。

在京的张兆和更会帮忙编稿和写作，她本身就有《人民文学》杂志责编的优势，曾帮助多少大作家改过稿件。而两个儿子之中，沈龙朱不但会写，还会绘画，人物肖像、插画都可以，沈虎雏的文章写得和父亲一样好。就连他们的后辈，沈从文的孙女沈红、沈帆也都有作品发表在《水》上。

张家不只是十姐弟，堂兄弟张中和，工科出身，是梁思成的学生，从事水工研究，担任北京市市政工程设计研究总院顾问、教授级高工，他的文章也被拿到《水》上刊发。这里赘述一句，张中和与张家十姐弟为肥西同族，而且他的妻子周孝乐与四弟宇和的妻子孝棣、五弟寰和的妻子孝华是亲姐妹。

张允和主持的《水》杂志本来只是在张家大家庭成员中流传，不承想同族的烈士张璋的后人也进入撰稿队伍，甚至别人写作张家成员的内容也都可以刊登在刊物上。没想到这样一来，张家的《水》的名气"不胫而走"，渐渐得到了很多家外朋友的喜欢，如出版家范用、漫画家丁午、作家叶至善、戏剧研究名家胡忌、历史学家葛剑雄、京剧学研究名家徐城北等，他们有的要出钱"订杂志"，有的则索要这份家庭刊物。

张允和的这份《水》杂志无意中走入了文化界，及至后来又被作家叶稚珊、出版人汪家明看中，出版成书，并且很快再版。可以说《水》的部分内容俨然成为张家家学的代言，向家外的朋友们默默呈现出一个斯文家族的底色。

由于年龄较大，张允和就把主编《水》的任务交给了五弟张寰和。这样《水》又回到了它最初的发源地——苏州九如巷。由此更使得张家长年积累的大量家庭档案派上了用场，再加上张寰和与夫人周孝华的精心编排，还有儿子张以迪（摄影师）的加入，从而与地方教育、档案部门互动，编发出了更多的原生态稿件。

后来，因为张寰和年事已高，《水》的编务不得不交给在京的沈龙朱先生，作为沈从文的长公子，无论如何都会写一些东西的。但他更擅长绘画，把一本家庭刊物编排得漂漂亮亮，有模有样，从而实现了一份家庭刊物的"美化"工程，看上去就值得收藏。他还与时俱进，把这份杂志搬到互联网上，发行电子版，让分布在世界各地的张家成员都可以凭借一个密码实现电子阅读。

《水》的影响力从家庭走向社会，从国内走向了海外，并且中间还被出版人士几次编排出版选集，可谓"一纸风行"。

书评人绿茶看过《水》选集后，写道："这本'奇特'的杂志，除了记录一个百年望族历史外，最重要的是体现出了一种亲情的纽带。通过这本杂志，流散世界各地的亲人们心里始终有着一份惦记和安心。尤其是，当定期收到有着亲人气息的杂志时，那份感情的慰藉该是多么的厚重啊。当我们读到这些情感真挚的文章时，一定也会为其所感动，所以，阅读这本杂志，就是一种最彻底的感情发泄，你可以任意想象，想象自己亲人间的亲情和感动。"

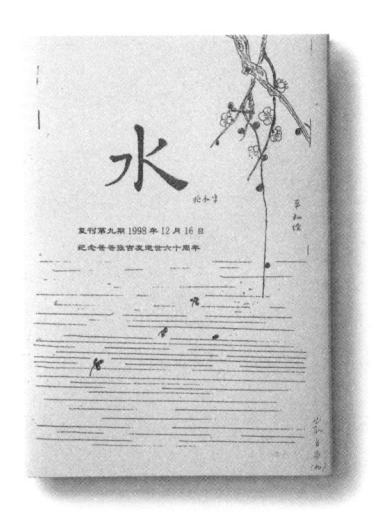

> 《水》封面，为张家人绘制图案

> 《水》封面，张兆和纪念特辑（沈龙朱绘画）

写作，一生相伴

张家孩子无论是从事文科，还是从事工科，无论是在国内，还是去了海外，似乎都不会忘记中文的写作。

写作，成为他们一生相伴的知己，既是工具，也是记录整个时代境况的方式。

以大弟张宗和为例，他从小就热爱文学，爱读新文学，读胡适、陈独秀、鲁迅、郭沫若、茅盾、徐志摩、沈从文、巴金、丁玲等人的作品。但是也不会厚此薄彼，《资治通鉴》《史记》《明史》等也爱读，包括戏曲类的《牡丹亭》《桃花扇》《长生殿》《白兔记》《白蛇传》等。当然也读一些翻译过来的外国名著，如契诃夫的小说、克鲁泡特金的自传、国木田独步的小说、哈代的《苔丝》等。

上中学时，他的同学中就有文学青年，如与他同宿舍的诗人徐迟，那时名为"徐商寿"，两人不只是互相"偷看"对方日记，甚至还一同偷着去报名参加抗日队伍。1931年九一八事变爆发后，全国青年群情激昂，在痛骂当时部分势力不抗日的同时，身为学生的他们居然偷偷去报名上前线了。幸亏被家人发现，他们在半道上被拦截回来了。抗战是军人的任务，作为学生还是应该以学业为重，学业有成，贡献国家，同样也是一种爱国行为。

在张宗和的日记里，常常出现他与同学徐迟，以及一些后来成为戏剧名家的同学一同探讨文学，交流读书心得的记录。

接触到沈从文时，张宗和早已经读过沈从文的小说和散文了，因为沈从文追求三姐，他有更多机会与沈从文探讨文学的事情。只是宗和在写作方面自有主张，不想成为任何人的影子，他想创作属于自己风格的作品。诗歌、小说、戏剧评论等，他对各种文学形式都尝试过。发表与否并不在乎，他只想尽可能用文学记录下自己的心境，以及身处的社会现实。

从苏州开始读书，到北京上大学，他考上了清华大学的历史系。这个高考结果使他感到意外，因为当时他自觉没有考好。而报考清华大学也是他的一个愿望，在此之前，他已经考取东吴大学了，但他还是想去清华大学，或许是因为那里人才济济，又或许是他太想离开苏州这个太熟悉的地方，他想走四方。

在清华大学，他又参加了一个昆曲社团——清华谷音社，社团发起人为文学家俞平伯，导师则为曲学名家吴梅，成员有蒋复璁、浦江清、汪健君、陈盛可、陶光、华粹深、殷炎麟、张充和等，蔡元培身为北大校长，也时常赞助雅韵曲事。

俞平伯撰《谷音社社约引言》寄托希冀云："譬诸空谷传声，虚堂习听，寂寥甚矣，而闻跫然之足音，得无开颜而一笑乎。"张宗和加入曲社后，主要唱生角，吐词清晰，韵律准确。同时还负责吹笛伴奏。后来因为抗战，曲社在后方昆明又陆续加入了汪曾祺、朱德熙、吴征镒等人。汪曾祺作文回忆："给大家吹笛子的是张宗和，几乎所有人唱的时候笛子都由他包了。他笛风圆满，唱起来很舒服。"又说："（张宗和）夫人孙凤竹也善唱曲，常唱的是《折柳阳关》，唱得很婉转，'叫他关河到处休离剑，驿路逢人数寄书'，闻之使人欲涕。她身弱多病，不常唱。"

张宗和本学的是历史学专业，在昆明所教授的也是历史学，但平时酷爱文学创作，于是对昆曲也是痴迷。因此这个爱好也成为他进入清华大学，能够很快融入文艺社团的基础。而这个爱好也与他的家庭教育有关，四个姐姐都会昆曲，而他因为是大弟，所以也被姐姐们拉来一起演戏。

因为有昆曲的特长，张宗和的第一段婚姻也是与昆曲有关，他的妻子孙凤竹就是青岛的曲友。张宗和常到青岛拍曲，与曲友们举行雅集，在拍曲时就认识了从镇江迁居到青岛的孙家人，孙家妇女都是昆曲票友，常来参加雅集。正在上大学时的张宗和正是恋爱的年龄，一来二去，毫无意外地喜欢上了孙凤竹。孙凤竹也对这位科班出身的曲友悄然起了爱意。

两位因为是异地恋，常常靠书信来往交流情感，就连抗战时期也没有断绝这种甜蜜的爱意表达。鸿雁传书，留下了大量的珍贵的情书。

在国破山河在的困境之中，张宗和毅然选择了要和恋人在一起，尽管孙家人告诉他，孙凤竹病得很厉害，恐怕很难治愈。张宗和并没有在意，他觉得既然是恋人，就应该在一起，尤其是当时战乱之际，他有责任陪伴着她。当然前提是，他们必须先举行婚礼，即使是一场简陋的婚姻，也要一个正式的仪式。如此他们才可以光明正大地住在一起，相濡以沫。

实际上婚后他们的生活并非全然都是幸福的，也有柴米油盐的艰辛和琐事的磕绊。总之，他们就像天下所有夫妻那样生活，婚后育有一女，他们经常为生活的窘境而发愁。张宗和这个大家庭里出来的男孩子，本该是受宠的对象。但是在战时，他必须自力更生，主动去更边远的地区执教，以换取一点生活的收益。为此夫妻两人又是聚少离多。妻子的病一天天坏下去。在那个缺医少药的时期，在一个人力完全失效的时期，张宗和把所有的苦闷都付诸文字。当妻子于战乱之中遽然病逝时，他痛不欲生，失去了活下去的勇气。但他已经有了女儿，他还要面对更多的生活责任。

在绝境之中，支撑他活下去的也是文学。他每天写日记，并写下了大量文字回忆与妻子的种种经历，每一个甜蜜而感伤的日子。此后这些内容被编成一本书——《秋灯忆语》，先是以自印本形式出现。后来由人民文学出版社出版。再后来由浙江大学出版社再版了精装本。这本著作已经成为抗战时期私人史的缩影，也是牵连着许多历史事件和名人的记录日志。

张宗和的文字朴素、真实、冲淡，就好像是与朋友面对面聊天，但细读其中内容，又不乏细节的描述，以及细腻情感的直抒。

1951年，张宗和以"钟和"为名出版了《梁山泊与开封府》，书中主要是探讨故事新编的主题，他改写了六篇元曲，希望用自己话语重述戏曲故事，这样的方式使人想到了鲁迅的《故事新编》，甚至沈从文也有把少数民族神话拿来重述的做法。这种做法受到了戏曲学名家赵景深的支持,并为之作序,"这样一位艺术家来改写元曲的故事,实是当行出色的"。

此后张宗和主要是从事历史教学,但仍不放弃写作的兴趣。他写了不少戏剧评论,也写了大量的书信。尤其是与四姐张充和的跨国书信,他们通信三十余年,却最终未能见上最后一面。张家姐弟的书信集后来就被编辑出版成了《一曲微茫》。而张宗和的日记也在一本本整理和出版之中。他的昆曲论述,以及与姐姐们、沈从文、陶光等人的书信,也在陆续整理出版之中。这样一位与文字为伍的历史学者,似乎早就预言到人生的极限,但同时也预见到了文字记叙的无限。

> 张宗和在清华大学

> 张宗和的早期著作《梁山泊与开封府》

低调的诗人

张家的孩子具有非凡的写作才能,这是因为从小的家教和阅读,培养了他们良好的写作基础。后来《水》的筹办,也锻炼了他们的这种基本技能。

以张家第二子张寅和为例,他是六兄弟中几乎"最不出名"的人物,但他其实是一位诗人,打小就热爱诗歌,长大后曾从事报刊编辑工作,在上海有名的报馆《申报》就职,与申报馆老板史量才父子尤为友好。

1934年11月13日,"报刊大亨"史量才乘车行进在沪杭公路上时,突然遇刺身亡,据说当时张寅和就在现场,他和史量才之子史咏赓乘坐另一辆车,得以幸免(根据张家五子张寰和的讲述)。但是经过事后的求证事实,张先生的回忆可能有误,因为张寅和并不在当时行刺现场。但是他与史家父子是好友确实是事实,而且此后张寅和与史咏赓的关系更加密切,张寅和还进入了《申报》馆工作,成为史咏赓得力的助手。

张寅和对于所从事的较为显赫的报业工作，并没有多大的成就感，因为他更喜欢从事教职，做一名光荣的教师。因此他在给兄弟的信中常常提及此事。这或许源于家庭氛围，家里创办有私立学校，张家人对于教师是格外尊重。

张寅和因为英年早逝，而且处于历史特殊时期，从而没能留下大量的诗歌或者文章，只是无意中留下一些家信，使家人宽慰。从信中可知，他对于家庭成员的"和气"尤其感慨释怀，在致大哥的信中提及，历史上很多家庭，中国的，国外的，尤其是大家庭，都会闹出财产纠纷，分家产不均、打官司的闹剧，但是张家的孩子之间却没有这种事情。即使是在抗战时的困境之中，或是分田产、分家产，大家似乎都没有"争抢"的感觉，反倒是相互帮助，互相退让。为此他为有这样的家庭和兄弟，而感到自豪。

值得欣慰的是，张寅和后来离开报馆的优厚工作，到上海一家中学执教，教授数学和英文，从而实现了他从教的夙愿。而且寅和的孩子也都为父亲的家教感到满意，觉得父亲对他们是严宽相济，既有对不良习惯上的纠正，也有对于待人接物上的谆谆教诲。父亲对于他们最大的寄望，似乎就是"正直"二字。

当姐姐和兄弟们有事情时，寅和一定会全力以赴帮助，因此当他骤然离世后，张家姐弟几乎都会去帮助寅和的家属。张充和每年回国，总是会到上海去看看兄弟姐妹和侄辈，想法接济他们的生活。而寅和的去世，也使得几个姐姐都感到万分痛苦，常在深夜里暗暗写诗致哀。

其中以二姐的诗词为长，她提到了幼时的情景，更是感慨悲叹:"寿宁旧家宅,二弟锡名寅。大弟新娘俏,二弟美郎君。踏落凤罗裙,痴憨笑语频。张家五子戏,苏城尽知闻。诸葛空城计,七岁学抚琴。纶巾大姐制,鹤氅二姐针。人小城围大,闻声不见人……"

此诗中讲述的是寅和小时候的故事,张家姐姐们在寿宁弄大宅院里演戏,装扮一新,还不忘拉着略长的大弟宗和、二弟寅和。二弟一出生就声音洪亮,因此也可以唱戏,演出《空城计》《七擒孟获》,还演过《西游记》。二弟富有诗人气质,七岁就开始学习古琴,早年跟着大哥出去游览虎丘,禁不住诗兴大发,要在石壁上写诗:"紫衣姗姗漫步来……"

张充和在美国得知二弟病逝后,难以抑制悲痛,作诗纪念,其中有句:"忆昔申江浦,执手难为别。……蹉跎廿五载,人去影亦灭。归来万事非,萦怀尽陈迹。长眠与不眠,共此伤心曲。"

张寅和于1973年2月去世,允和一直记得二弟在她去探望时写下的句子:"床前氧气瓶,见瓶如见姐,再见更精神。明年再来申,春暖花开日,襄园柳色新。"

附录：

记张定和作品演奏会[①]

赵景深

张家一门都是文学艺术迷，他们祖上合肥张树声在前清是做大官的，因此他们是所谓书香后代，照遗传学讲，是有知识分子的传统的。他家四个姐姐：元和、允和、兆和、充和；六个弟弟：宗和、寅和、定和、宇和、寰和、宁和。姐姐都是两条腿，弟弟都是宝盖头。抗战期间，他们姐妹弟兄，流转各地，但仍编订抄本刊物，轮流邮寄。我曾在立煌安徽学院与宗和同事一年半，看到他们的家庭刊物《水》。这是二姐写的诗，她害了怀乡症，就以此为题。三姐的外子沈从文和孩子虎雏都有大作在上面。刊末订有规约：一、收到刊物的人须将他的近作附在里面；二、刊物到后，一星期以内请寄予某人。这的确很有趣。现在抗战胜利了，姐妹弟兄们都到上海来了，便举行了一次十姐弟的欢宴，我因曾做过兆和的老师，在中国公学教她小说原理和现代世界文学，又与元和、允和、充和是曲友或虹社社友，关系密切，也被邀参加。定和还拍了好几张照片。

二十日定和在逸园举行歌曲演奏会，邀约他的朋友们去听曲。宗和早就向我谈起，他的三弟定和在后方作歌曲很有名，他起初只喜欢西洋音乐，后来居然也喜欢昆曲了，觉得昆曲也有它

[①] 资料来源《大公报》，1946年8月19日第八版，《张定和作品演奏会特刊》。

的好处。宗和现任苏州乐益女子中学校长，也赶来参加音乐会。充和大约还在苏州，她对于昆曲的乐理甚有研究，在女曲友中是少有的。她的《惊梦》《痴诉点香》都演得极好。她在重庆时，曾为国立编译馆募捐，义演过《学堂》和《游园》。

我与内子同去，看见郑振铎、李健吾、徐调孚、吴祖光、丁聪、李一、风子等人都到了。沈从文和兆和站在看客台上，说是学习做招待。

这一晚所唱的话剧插曲有：郭沫若的《棠棣之花》，田汉的《复活》，吴祖光的《正气歌》和《凤凰城》，顾一樵的《岳飞》，奥斯特洛夫斯基的《大雷雨》，以及《大潜山》。其中我最喜欢的是田汉的歌词。吴祖光的《正气歌》用的是牛希济词[生查子]。

我对于音乐完全是外行，从文说定和是音乐迷，我相信迷一定能精。像《求你晚一点动手》《后湖春暮》《艺术战壕颂》《大潜山》都很好听。《江南昔日风光好》描摹由喜到怒，《还乡行》描摹快乐情况，都能用乐谱表现出来。

我对定和有三个希望：第一，创作器乐曲，可以不受唱者唱调和文句的限制。其二，多作一点"力的表现"的乐曲，显示阳刚的美。第三，下次开音乐会时，合唱队人数尽量增多，两三个人似乎太单调了。

这次所唱的诗词有岳飞的《满江红》，新诗人陈梦家的《燕子》等。钱风的散文诗《母亲的心》是对于"有了妻子忘了娘"的人一个很好的讽刺，设想亦妙。

我觉得男高音朱崇懋唱得很好。女高音曾宪恩也唱得不坏，似乎还不够响亮，也许是受了谱的限制。崇懋把"时光"改唱"时间"，与"晚一点"押韵，不知这一首《求你晚一点动手》是全部用江阳押韵的。

寰和、宇和、允和都作歌词，元和、兆和、宗和等任招待，可说是张氏十姐弟全部动员。

演奏了一大半，吕恩也赶来听。新近吕恩在南京为了周彦（贺孟斧修改）的《桃花扇》中有《牡丹亭·游园》二曲（先唱[好姐姐]），后唱[皂罗袍]曾请溥西园教这两首。听说此剧在重庆上演时，允和每晚去唱，都由丁聪吹笛；因此想起文艺协会的一次文艺欣赏会，丁聪为我吹《游园》，吹完一拱手，笑着下台，那神情最天真有趣。

> 张寅和

> 张定和在重庆

∨ 张充和题写的刊头《张定和作品演奏会特刊》

張定和作品演奏會特刊 充和題

隐忍宽容
随意天涯

肆

隐忍宽容
随意天涯

张家人从张树声一代人就开始"走出去",从肥西山中走向了广阔的天地。他们走向了战场,走向了仕途,也走向了属于个人的事业旅程。从此张家人似乎就继承了这种精神,可以南征北战,也可以四处奔走。这种传统使得张家人早就适应了四海为家的生活。

在全球化趋势的今天,张家人敢于走出去的精神应该被推崇和借鉴。如张冀牖与妻子陆英率全家人从合肥先到了上海,又到了苏州定居。但是这期间,张冀牖和妻子要面临陌生的环境,以及各种复杂的人际关系。甚至要面对复杂的政治环境,譬如当时的军阀势力、党派的斗争,还有地方的隐形势力等。张冀牖则学会了隐忍,当三子定和在学校因为不满课程安排提出反对,被老师点名批评时,师生产生了争执。张冀牖则告诉儿子,老师没错,你也没错。有时候选择隐忍,并非软弱,而是一生必要的智慧。懂得示弱,懂得宽容，则是培养孩子宽阔的心境，以及必要的耐心。从而为他们能够尽快适应各地的基本生活做好准备。

　　无论是就学、就业，还是创业，都会带来必要的外出，走出自己生活的家乡和城市，甚至要去更艰苦的地方，或者更遥远的国外。对于孩子们来说，如果从小就具有强大的适应能力，也就不必担心未知的生活，凡事随遇而安。因此就要培养他们一专多能的本领，既能固守本业，也能够做到"艺多不压身"。凡所学不只是为了就业，或者毕业，而是真正热爱，从一而终，永无止境。能够执着于此，甚至不只是为了谋生，最终成就自己为之痴迷的事业。当然，要具备"走出去"的精神，还需要广交朋友，培养孩子对外交际的能力，平时给予他们更多的自理机会，选择志同道合的挚友。

隐忍的父亲

从张家孩子身上，可以看出来一种隐忍和宽容的精神。无论于公于私，他们似乎都不太去争，就如同"水"的气息，利万物而不争，这恐怕与家教是有一点关系的。

张冀牖身为一代富绅，所在意的却并不是财富的收益，他没有经商，也没有出仕，甚至连出任什么社会团体的头衔都没有。就连在张家创办的私立学校里，都没有出任校长或者什么实质性的职务。更多的是聘任有经验有能力的人才前来出任校长、教导主任，而且不论他们的出身，以及党派。

一时间，张家私立乐益女中曾经有国民党的地下支部，也有共产党的地下支部，张闻天、叶天底、侯绍裘等一批早期共产党人就是在乐益女中任教的。当时孙传芳统管东南五省，其政府曾威胁张冀牖，令他遣散一些进步人士，否则就让他的学校关门。迫于各方压力，张冀牖只得示意这批进步人士离校，但暗中请他们吃饭，还给他们一笔不菲的"遣散费"。对此，张闻天到晚年还回访乐益女中旧址，感慨张冀牖先生资助他去苏联留学的旧事。

南京大学老校长匡亚明先生,曾在乐益女中任教,但后被捕,还是张冀牖以地方士绅身份保他出来,并给予精神上的鼓励。匡亚明与张家后代一直是友好往来,甚至成为张家姐妹昆曲演出的"粉丝"。

叶圣陶曾把女儿叶至美送进乐益女中就读,使得女儿在历史和国文方面有很大进步,后来担任国家电台翻译,又多次回访乐益女中,感恩母校老师的教诲。

韦布先生曾是乐益女中的教导主任,他后来在张冀牖的影响下,迷上了戏剧,甚至还成为《三毛流浪记》的制片人,为早期电影行业做了很大贡献。他是江阴人,姐姐是张冀牖的继室韦均一。

韦布回忆说,张冀牖去江阴多次,那里有人欠他的钱,多次催讨之后,人家就是不肯偿还。最后实在没有办法了,张冀牖居然跳进了河里,以这种自虐的方式来抗议无赖。当然这种事情最后也是不了了之。

倒是另一些趣事引起了韦布的着重记忆,张冀牖喜欢购买一些新式样的科技产品,譬如照相机、天文望远镜、唱片机、放映机等。甚至一度想过自建电影公司,拍摄影片。

张冀牖是重听,几乎听不见外界声音,这缘于他幼时的经历,尚在襁褓之中时,随父上任署理川东道,经过长江三峡一带,水浪拍打船舷,强大的声音震坏了他脆弱的耳膜。从此张冀牖与人对话时,对方一定要大声才可以实现交流。

正是这样一位隐忍和宽容的父亲,才能够左右斡旋各种复杂的关系,来自办学时的上层管理,来自社会舆论的影响,来自大家庭中的不堪矛盾，很难想象他是如何做到了周旋各方，最终使得学校和大家庭都能持续运转下去，而且最后都具有一定的成就和影响力。

这位父亲并没有进过新式学堂，也没有明确的宗教信仰，只是乐于阅读各种古籍和新兴的报刊，极快地适应新鲜事物。办学时不忘拜访地方士绅和教育人士，虚心请教，还去上海拜访蔡元培先生、马相伯先生。他曾被邀请到南京金陵女子大学去授课，但是没讲几堂课就返回了，他自觉不是那个料。而实际上匡亚明、韦布、叶圣陶等都称赞过他的学识。

为了办学，张冀牖几乎是倾其所有，报刊报道说他一笔就拿出了二十万元，为此弄得自家女儿出去上大学都没有学费，老家的族人骂他是"大傻子"，把钱给人家花。学校里每年都有定额的免费生，只要考试过关，食宿全包。这一点在当时连公立学校都难以做到吧。

面对内外的质疑，张冀牖先生没有做任何解释。他的诗词和书法都堪称专业，但他只是抒发个人的情怀，以及表达对故乡的怀恋。他几乎没有什么不良嗜好，既不吸烟、不饮酒、不赌博，也没有纳妾，生活俭朴，每次吃完饭都会把碗里的剩余饭粥残渣舔一遍，这样的做法就连用人都觉得不可思议。

他常常与用人开玩笑，有一次安徽来的用人端着什么东西围着古井打转，他好奇疑问。实际上那是用人以土法为自己治病的一种仪式，但张冀牖却是感到好奇，上前去打趣。在他心中，似乎并无太明显的主仆关系观念。

张冀牖对于子女总是宽以待人、严于律己。既不会干涉他们的兴趣爱好，但同时也不会给予过于丰厚的物质待遇，希望孩子们能够早一点自立自强，而不是靠家庭的支持得以安享生活。这一点从张冀牖给孩子们取名上也可以看出，四个女孩子的名字中全是带"腿"儿的，希望她们不要像传统的闺秀，待在家中，而是要走出去。而六个男孩子的名字中则都是带宝盖头的，希望他们各自成家立业，不要抱着享受祖业的陈旧思想。因此在平时生活当中，张冀牖几乎不提及家族里的荣耀，譬如祖上出过总督、道台等官员，更不会挂上祖宗神像，按期祭拜，这些陈规陋俗统统都没有，而是一切重新开始。

> 张冀牖与蔡元培在上海合影

> 乐益女中早期建筑门头

走出去的精神

张家人似乎都不太愿意老老实实待在出生地工作、生活。这可能与张家一贯的传统有关系。张家从祖上张荫谷之祖上一代就是因为战乱迁居的，据《张公荫谷墓表》称："至公曾祖讳从周，居周公山。山介大潜、紫蓬二山间，巍然众望。人遂称周公山张氏，族浸以大。"①

到了张树声一代，几个兄弟响应李鸿章、曾国藩组建淮军的号召，很快组织团练成为独立的兵力，即"树"字营。他们从合肥远走海上，然后驰骋疆场，一直作战到了湖北腹地，在这期间，张树珊是战死疆场。而张树声因为秀才出身，早早出任文官，治理地方。从徐州、苏州、南京、广州、广西，再到河北，最后病逝在两广总督任上。其子张华奎进士出身，本在京城为官，后被派往四川就任川东道（署理），因为办理教案和开埠有功被正式任命为川东道。可是因为过度操劳，也是病逝在了任上。

---

①《合肥张氏族谱》张树声（纂修），张氏惇叙堂刻板，清光绪二年（1876）。

张冀牖尚未成年就扶灵柩从蜀地一路乘船回到家乡安徽合肥。按说在家乡有着享用不尽的祖产，有田产万亩，有当铺、房产以及世袭福利，本不用担心生计，更不需要奔走四方，背井离乡。

但是眼看着家族成员的一些堕落行为，如吸大烟、赌博、纳妾、玩物丧志……，这样的行为显然不利于后代的成长，于是张冀牖在结婚并与妻子生下两个孩子之后，有了一个大胆的决定——迁居。

迁去哪里呢？要迁走多少人呢？

张冀牖和妻子应该是有过一个商量的过程的，时代的变革，如辛亥革命的爆发；时局的动荡，有些清朝官宦之家受到冲击；社会新思潮的流动，各种进步人士陆续走向前台。北平作为京都，显然已经不适合居住，天津、广州、福州、青岛、杭州、上海等地因为沿海则属于较为开放的地区。张家的祖产很多，在南京、苏州、上海等地都有，大上海开放和包容，尤其是文化教育的先锋，应该说是一个比较合适居住之地。

去上海。张冀牖带走的约有百人，这么多成员，老的老，小的小，一切都要重新开始，很难说不是一种现实的辛苦。但是张冀牖和妻子坚决选择了出走，离开舒适的老家公馆，走向了大都市，走向了未知的新文化氛围。

找地方，租房子，重起炉灶，安置一家老小。面对新的环境，一切都是陌生的。张家人依旧保留着传统的旧俗，如家里女儿出嫁了，要按照一定的程序置办嫁妆；又如家里的老人过大寿了，也要置办餐具和酒席；家里的孩子出生了，也要举行仪式，并为之请一位保姆照顾。只是这样的习俗渐渐就被新时代的观念冲淡了，改变成为必然。

这是张家选择的结果，也是自觉融入新兴思想之中的现实表现。只是到上海住了没几年，又发现了新的问题，军阀混战，上海成为各界必争之地，有时候炮弹居然扔进了张家租住的宅院里。

于是，张家选择了再次出走。这次是张冀牖的妻子陆英，一位挺着大肚子的孕妇，亲自出马，她要为已生的和即将出生的孩子，寻找一处更适合居住和受教育的城市。这次她选择了苏州，园林之都，江南古城，温婉、斯文、平和，人文荟萃，山水相依。苏州自宋时教育水平就在东南地区突出，到了明清时期更是涌现了一大批状元，这里既有旧文化的底子，也有新生思想的土壤。张家的祖上曾在苏州平息战乱，并担任地方长官，弘扬教育，重建园林，兴修水利等。这些恐怕已经不再重要了，张家人要从头开始。

陆英，这位成长于"中华运河第一城"扬州的闺秀，父辈一代同样是从安徽走出来的官员，负责盐政，应该说物质丰富，但她却喜欢营造园林，希望自己的后人能够融入更典雅的传统文化之中。同时，陆英在娘家还学会了理财，知道该如何把现金和黄金兑换，也知道该如何更准确地投资。她初到苏州就购买了二十亩地，希望用于蚕桑事业，苏州的丝绸事业正在蒸蒸日上，从栽植桑树到养蚕，再到缫丝形成产品出售。可惜这样的宏伟计划未能得以实现，因为陆英英年早逝。

但是她留下了一笔极大的遗产，这二十亩地被张冀牖拿来建造学校，成了乐益女中的美丽校园。虽然这里未能产出成千上万的真金白银，却走出了一批又一批优异的学子。这里更成为张家孩子的启蒙之地，后来孩子们一个个从这个大本营走出去，有的去了北京，有的去了贵州，有的去了台湾。岁月荏苒，斗转星移，还有人去了美国，有的去了比利时。

以大弟张宗和为例，他本可以老老实实在乐益女中执教，而且父亲张冀牖在很早的时候就锻炼了他走上讲台的能力。在考大学时，他第一次考上了苏州的东吴大学，但他还是坚持再次报考清华大学。因为他要走出去。抗战后，父亲病逝，家里的姐弟们组织恢复乐益女中，姐姐们甚至把首饰都拿出来当了。大家公开选举张宗和担任校长，因为他既可以执教，也可以从事行政管理。

可是张宗和在苏州过了一段舒舒服服的日子后，仍觉得不"舒服"，心里不舒服。他总觉得，一个大男人，要靠着家里的产业才得以获得工作，这不是他的理想。他的梦想是要走出去，成为"一世祖"，于是后来就毅然辞别。他把乐益女中校长的职务给了五弟寰和，自己则出走到贵州省贵阳市，在那里执教历史，从此落户生根，把女儿、外孙辈都留在了西南边陲。

在贵阳时期，张宗和不只是培养了一些历史学毕业生，还把江南的昆曲带去了那里，教授一些爱好者演唱和研究昆曲，并与各地前来演出的团队交流、合作，从而就像一颗种子，在黔地生根发芽。

像这样的事情还有很多，张充和女士远赴美国，在耶鲁大学开设了昆曲和书法课程，把中国的传统文化带进了一流的大学课堂，一时间也迎来了不少洋弟子。沈从文的孙女——沈红女士，学习社会学后，多年倾注心血于扶贫工程，远赴贵州边远山村石门坎进行帮扶工作，甚至还把自己的收入以及父母的收入也用于向那里的贫困孩子帮扶，可谓善莫大焉。

> 《水》封面为张树声撰写的石碑

> 张华奎家书

> 张充和与子女在日本京都

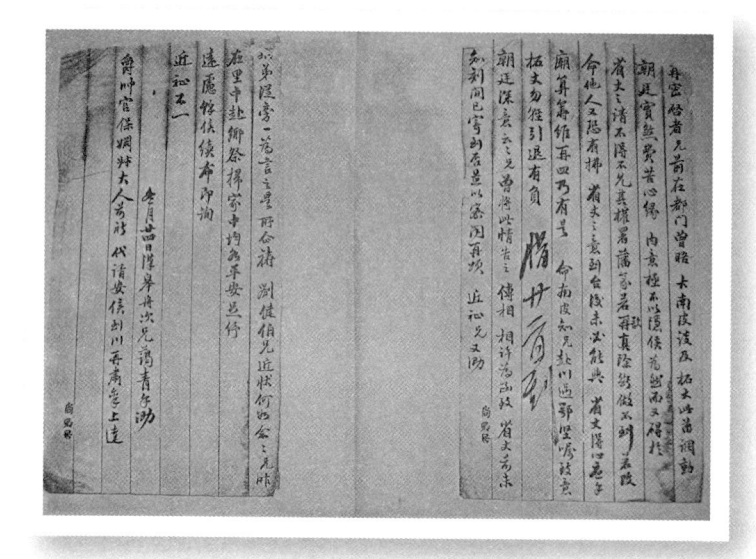

一专多能,随遇而安

张家孩子的成长并不是一帆风顺的,他们求学的时候是一个专业,但是在就业时却可能是另外一个专业。

以五弟张寰和为例,他在西南联大学的是政治学,曾在重庆政界短暂就职,以他的学历和能力,完全可以胜任秘书职务。但他后来却成为学校的校长、教师,虽然是自家创办的学校,他却格外用心执教。他对待学生如同自己的女儿,在主课之外,还有针对性地开设家政课,如烹饪、缝纫,同时加强挖掘每个人身上的潜力。在他执教之下,有的成长为戏剧名家,如到中央戏剧学院任教的吕文铮,还有后来在贵州话剧团担任团长的沈敏。沈敏说,上学时常常在张家排戏,张校长写剧本,张的爱人周(孝华)老师负责做饭给她们吃。

张寰和先生虽从事的是教育工作,但格外喜欢摄影艺术,于是常常拿起相机为大家摄影,这样学校外出郊游,节目排练,以及毕业照,都包在他身上了。如果有喜欢摄影的同学,也可以和他一起切磋、琢磨。同时他还会写歌词,在抗战时期写过《江南梦》;中华人民共和国成立后,又创作了歌曲《中国学生》,献给苏州第一届学生代表大会。他爱古诗词,却热衷创作新时代的歌词,请三哥定和谱曲,一起演唱。

对于演出话剧,他也是很热心,因为家里演出过田汉、郭沫若的话剧,现在学校里的话剧演出和排练,就包在他身上了。

专业方面,张寰和掌管下的乐益女中于1950年增设高中部,开始招收男生,同时更名为苏州乐益中学。1952年高中部并入苏州市第一中学;1956年,乐益中学更名为苏州市第六初级中学。至此,为女性独立自强而创办的乐益女中完成历史使命。

而张寰和则被调往另外一个学校执教,他不卑不亢地坚守教育岗位,兢兢业业完成使命,他带出来的学生依旧很优秀。有进入一流院校的,也有从事生物制药的,他们常常回来看望恩师,聊聊旧事,一叙往昔。

张允和,这个上海光华大学历史专业的毕业生,曾在光华实验中学教书,后又曾被叶圣陶请去担任人民教育出版社的编辑。但她对于翻译和语言学都有研究,翻译有《书的故事》(多次再版),出版有《诗歌新韵》。后来又转岗到北京昆曲研习社,引导昆曲的复兴和弘扬,不但培养出了一批批新的演员,保存了一批传统曲目,还留下了宝贵的《社讯》和《昆曲日记》。

张允和尤其愿意走出去。新婚之际,便与新郎周有光赴日留学。一年后因怀孕不得不提前回国。在抗战期间辗转苏州、芜湖、合肥、汉口、重庆、四川、陕西等地。抗战胜利后,又与周有光环游了大半个世界,去了美国、英国、法国、德国、比利时、意大利等，做游学之旅，后因国内时局稳定，周有光收到组织通知，回国参加经济恢复建设。

张充和更是一专多能的典型，她会昆曲、书法、诗词，对于绘画、文学创作也很擅长，曾负责《中央日报》副刊《贡献》的主编工作，编写都由她一人完成，散文、小说、书评、艺术评论等，可谓贡献良多。

她早期因为接触了大量的原始碑帖，后又拜名师沈尹默，在书法上取得了较大的成就。而她在昆曲上的贡献则要数成立海外昆曲社，把昆曲带进了国外很多院校，并把她所接受的正统昆曲音律教育传承下去。她对于人生边界的一再拓宽，更扩展到了生活的领域，如参与购买第一代洗碗机、冰箱、电视机，她觉得这些能够减少她在饮食上的时间付出，从而把更多精力用于书法练习和昆曲传播上。充和对于新鲜事物总是接受得很快。

当然，充和有时也会反省父母小时候的教育是否得当，他们一生下来就被交给指定的保姆，而不是由父母亲自抚养和管教。因此她晚年时曾致信大弟宗和，自己只要有一点生活保障，就宁愿把更多的时间用于陪伴年幼的孩子，尽管陪伴只是暂时性的，但是这种陪伴却是必不可少的。她自述有时也会因为孩子太过分了，偶尔动动手，使他们长点记性。其实即使是像叶圣陶那样的大教育家，也会在气极时对孩子动粗，甚至把其写进日记。张充和从不刻意采取什么样的生活方式，她早年因为养尊处优，不必担心衣食住行，但是到了美国后，一切都要靠自己，白手起家，于是就自己试着学烹饪，把外国人不要的禽畜杂碎拿来做肉松，还自己爬树剪枝,清洗马桶。

至于说昆曲方面的付出,她更是克服种种困难,亲手制作笛子,缝制戏衣,包括制作各种演出道具。这样的事情在以前是不可想象的,但她这样做了之后,却觉得习以为常,而且有着很强的获得感。同时她更愿意抽空走出去,陪同丈夫傅汉思回德国老家,顺便去法国、荷兰、意大利、比利时等国走走。尤其是比利时,那里有她最小的弟弟宁和,她一定要去看看。

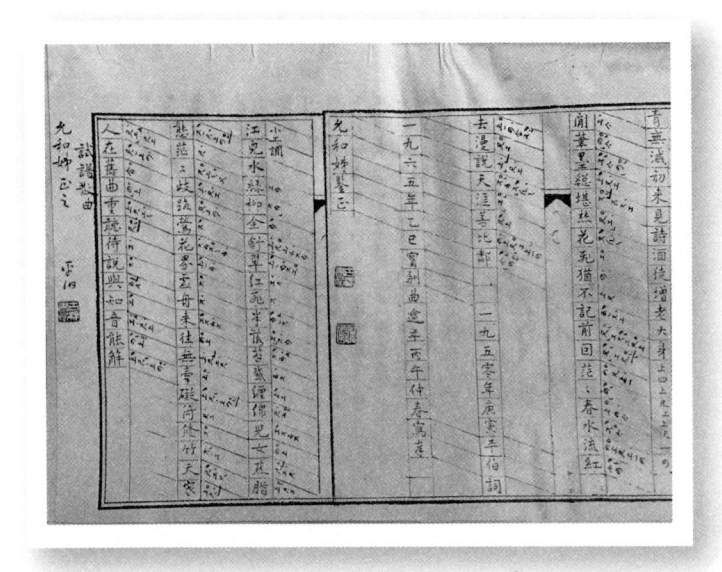

> 俞平伯赠予张允和的曲谱

> 张定和作曲作品

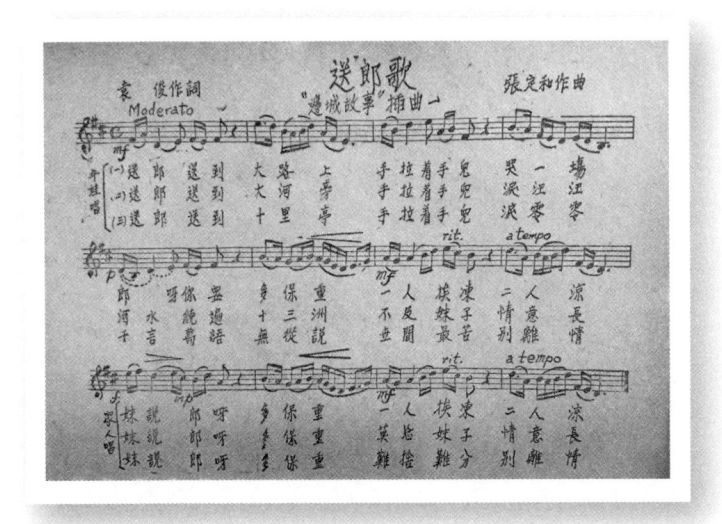

从一而终,历久弥新

提起张家长女元和,很多人都知道她嫁给了一位昆曲小生,当年红透了半边天,就连梅兰芳都来邀请他做长期搭档。可是这位小生却婉拒了这样的好事。他急流勇退,在最当红之际退出大舞台,并且很快改了名字,重新去上学,然后成为一名中学教师。

从昔日的当红演员成为普通的教师,此时的顾志成(顾传玠)肯定是不甘心的。他要在身份和地位上与爱人元和形成匹配。他要摆脱元和"下嫁"的不对称形象。因此后来他又进入商界打拼,做实体,炒股票,做期货,反正只要能够赚钱的,他都愿意尝试。

而在这期间,张元和则是默默地付出,选择了无怨无悔地支持他。她拿出了家里的积蓄,甚至还向大弟借了钱。直到有一天面临去台湾还是留守时,她仍然违背自己的意愿,选择了跟随顾志成去台湾。

对于这样的做法,曲友陈安娜,也是张充和的昆曲弟子,解释为张元和是传统女性"从一而终"的典型。她不只是选择随着丈夫去了台湾,在台湾仍旧继续支持他从事他并不擅长的商业。

直到顾志成因病早逝，张元和仍旧默默延续着顾志成的昆曲事业，在台湾整理顾志成的遗稿，在当地传播昆曲，教授弟子。后来还去了美国参与昆曲的传播。她还精心收集资料编辑出版了《顾志成纪念册》，并把顾志成早期的昆曲唱片和史料都捐献给了中国昆曲博物馆。

张元和在不少文章落款时特地署名"顾张元和"，有人可能会觉得这是一种过于传统的坚持，其实也未尝不是一种对一段夫妻感情的忠贞表现。即使是一个人继续活着，也要始终记得，他们曾经在一起的浪漫和幸福。他们是因为昆曲结缘，而张元和的生命也是以昆曲结束，她在耄耋之年仍然坚持走上舞台，为大家表演老祖宗留下来的一招一式，一颦一笑。她还留下了多本"张元和昆曲身段谱"，即使在她去世后，人们仍然能够对照表演出最纯粹的昆曲艺术。

张家孩子的婚姻，也不都是浪漫的情节。张兆和曾经因为沈从文连续剧式的情书陷入了婚恋之中。这样的感情，其中婉转迂回的情节一直为外人所转述。其实他们的生活也同样经历各种坎坷，就如同中国的近代史一样不平坦。

在现实之中，张兆和几乎脱离了自己的文学爱好和特长，须知她学的专业就是外国文学。她一门心思为家操持，从而留出更多的时间让沈从文去创作。而她早年已经出版小说集，作品还受到巴金的肯定。

到了晚年，尤其是在沈从文去世之后，在编辑《沈从文全集》时，张兆和还是写下了心中的感慨。她自觉没有好好地理解过他，觉得自己并不够理解朝夕相伴的沈从文。她甚至觉得只有在沈从文去世后,她似乎才开始明白他,只是这样的明白似乎晚了点。她自述怀疑沈从文和她在一起是否幸福过。但事实是,他们的婚恋,绝对不可能有第三人能够真切感受到其中的真味。

他们曾经在信中历数浪漫故事,但也在私信中提到对生活琐事的烦恼。从文学到人,从人又回到文学。相信他们的感情,在未来更漫长的时间长河中一定会得到更新鲜更准确的解读,而此时,这一切,似乎早已与他们无关了。

由此使人想到了张定和的婚恋,这位音乐才子,早年与电影明星吕恩相恋,很快就拥有了爱情的结晶。这位继承了父母良好艺术基因的儿子,也成为一位合唱团指挥家。很难说谁的婚姻就一定是从一而终的,但重要的是两人最终要平和地解决问题。

当张定和与吕恩分手后,他们彼此都没有什么抱怨。吕恩还曾专程去九如巷拜访张家人。而他们的儿子则跟随父亲生活,因此得以接触音乐艺术,从而走上了指挥的道路,并在音乐事业上频频斩获奖项。而张定和新的夫人王令诲则是一位音乐歌唱家,两人琴瑟和鸣,对于长子则是付出更多的关爱。

他们父子似乎是音乐的挚友,一直在为之努力着,探索着。张定和后来被授予"金钟奖"中的"荣誉奖"(终身成就奖)。

张定和的名字在音乐领域早已经与黄自、吴祖光、陈白尘、欧阳予倩等名家紧密地联系在了一起,但他仍要继续探索音乐用途的可能性。譬如对于汉语拼音字母的传播,对于传统戏剧的弘扬,如沪剧《罗汉钱》、昆曲《十五贯》、汉剧《二度梅》等,都有张定和参与谱曲。他与王令恺的结合，更加激发他对于音乐的热情和投入，使得他的成就走向更远的境界。

同样，在婚恋上也曾有过各种传奇说法的张充和，也是始终坚持着自己的原则。她的爱慕者当中，有昆曲曲友，有甲骨文学者，有古典音乐学者，也有诗人，如卞之琳，人们都觉得他是打心底里仰慕张充和的。就连张家的弟弟们都察觉到了。卞之琳与张家弟弟宗和、寰和也是好友，但是他对张充和好像始终没有公开表白过，这使得晚年的张充和曾打过比方，"人家没有说请客，我怎么好说不去呢？"反倒是一位老外，傅汉思，德裔美籍汉学家，看似"莽撞"地开诚布公表达爱意，却很快得到了回应，并且很快喜结连理。

但是张充和并没有就此与她的这些爱慕者断绝友情。卞之琳先生赴美时，他们依旧是文学好友那样的相见欢。而另外一位爱慕者陶光，清华大学的高材生，晚清贵宦端方的后人，一位真性情诗人，因为去了台湾，生活陷入困境，以致饿死在桥下。生前曾把一本自印诗集《独往集》寄给张充和，使得张充和大为伤感，百般通过关系打听陶光的详情，并一再写诗悼念。而陶光也是张宗和的好友，张宗和在病中也是极为悲伤，写词痛悼挚友，为命运的不公，为好友的才气和志气感到惋惜。

这些事迹，随着张充和诗词集的出版，以及张宗和日记的陆续出版，也都渐渐浮出水面，从而使人们能够更全面地认识到张家人与朋友交往的一斑，也是中国近代友情的一种代表体现。

> 张元和读书照

> 张元和为顾志成编辑的纪念册

> 张充和的好友陶光

人情交往 虔诚真挚

伍

人情交往
虔诚真挚

张家孩子善待用人,并为各自保姆养老送终的事迹可以说值得今天的家长思索。到底该如何培养孩子与亲友的相处能力?孟子曾说过:"恻隐之心,人皆有之;羞恶之心,人皆有之;恭敬之心,人皆有之;是非之心,人皆有之。"如何让孩子感受到爱的情感,以及培养他们的感恩之心,也是家长的一大任务。张家父母早早地把孩子交给保姆抚养照顾,使得他们从幼时就感受到人与人之间超越亲情的情感,从而自觉去理解人与人之间除了雇佣关系之外,还有一层更珍贵的感情,那种用金钱和任何物质换不来的东西。正如同他们在别人危难时帮扶一把一样,别人也会在他们困难时伸出援手。这种互动的关系,使得张家孩子对待朋友也是超越了家人般的情感,而善待他人,也正是给自己拓宽道路的必备修养。

张家父母从来不让自家孩子成为矜贵的公子、闺秀，俭以养德、达则济人。除了必备的生活费用之外，不要享受奢侈的生活，甚至要面对上学之学费"迟到"的问题。孩子们早早就体会到了各自保姆家庭生活的困境，使得他们能够明白生活的不易，以及对照顾自己的人自觉生出真挚的感恩之心，这不是短时间就能培养出来的，而是经过一个过程之后，慢慢领悟的。一个人在外闯荡行走，可以没有父母的陪伴，或是同胞姐妹兄弟的同行，但一两个知己朋友则是必要的。唯有懂得惜情、重情的人，才能够长久地拥有友谊，并从中感受到人世间的美好。

是主仆，也是家人

导演侯孝贤有一次接受媒体专访时特意提到，他最想拍摄的一部电影就是合肥张家的故事，不只是四姊妹，而是张家人与保姆用人之间的那种关系，那种人情。只是后来囿于演员问题，而一直没有操作起来。

到底是怎么样的一种感情，打动了这位以真性情和唯美主义著称的导演呢？

张家的保姆和用人多来自安徽和扬州，这与张家人有着较强的乡情有关吧。因为有着同样的饮食、语言习惯，交流起来也比较无碍。张家用人有账房先生、门房、跟班、保姆、厨师等，他们看起来是张家雇用的外来人员，但是他们却有着较强的家庭事务参与意识。比如，张冀牖对于女儿们的婚姻都是放手的，尽管会有一些好事的媒婆前来提亲，但张冀牖一概回复，她们的婚姻都是由她们做主的。

对于这种放手的做法，张家的保姆们则表达反对意见。她们认为，外面的人不尽然都是善良的，由着她们去做主，万一遇到坏人呢。当然,在张家,保姆们完全可以公开表达这样的观点。

元和因为是家里的长女,可谓掌上明珠,小时被特许与祖母睡一个房间。有一次她被三妹兆和的保姆欺负,她就威胁说,要去向祖母"告状",说着就去上楼了,祖母居于二楼,但后来保姆发现,元和只是躲在一至二楼间的空间里,以此来做出"告状"的姿态,但却并没有做出实质的告状。

张家孩子各自由自己的保姆带大。像张宗和,是他的保姆夏干干把他带大的,后来陪着他去了贵阳,仍旧继续帮他带孩子。最后也是张宗和夫妇为这位保姆养老送终的。这位夏干干晚年在夜深人静的时候,因为病痛不得不发出叫声时,张宗和就感同身受,从内心深处感激她为自己和一家人的付出,因此积极为她寻求治疗,尽可能减少她的病痛。当全社会处于饥饿时期,夏干干想吃一种腌菜,张宗和与家人千方百计去弄过来。夏干干于古稀之年去世,对此,张宗和在日记里反省,这样一位老人,她活着时,为张家做了极大的贡献,恩情当要铭记。

而带张定和的高干干,原本是带张充和的保姆,后来因为张充和回了合肥,就开始带定和。高干干是扬州人,丈夫是个大烟鬼,因此她死活不愿意回扬州了。大烟鬼上门来找,张家门房就不让他进门。高干干除了带定和外,还帮着陆英做事,两人都说扬州话,很好沟通。陆英发现她记忆力很好,而且会心算,可是她并没有进过学堂。因此高干干就成为陆英的理财助手,从而获得更多的工薪,可以养活她的一儿一女。后来高干干的女儿金大姐也进入张家做事。抗战时期,金大姐的女儿和女婿则跟着元和、顾志成在上海做事，成为商业上的助手。后来又跟着元和夫妇去了台湾，从此就定居在了那里。

张定和于抗战时期在重庆做事，此时高干干已经回老家了。但是当她听说张定和离婚后，心情不好，便及时从老家远道赶到重庆，帮助张定和带儿子，照顾定和的生活。可是当时定和并没有能力支付额外费用，高干干也并不计较。新中国成立后高干干又随定和到北京，帮着他带其他的孩子。高干干与定和一家相濡以沫共同生活了四十多年。

定和晚年时期躺在病床上还在回忆着高干干对他的种种关爱，高干干在烧火做饭时总把小小的定和搂在怀里，对他说"火要空心，人要忠心（要做有诚信的人）"。定和自述"她（高干干）的艰苦朴素熏陶了我"，以至到市场经济时代，定和对高消费还不适应。

有段时间，高干干在北京定和家带孩子，可是女儿家的孩子也没有人带，于是高干干就把外孙带到北京，一起带。高干干的后人与张家结下了深厚的友情。当张家人抗战时从大后方撤回苏州九如巷时，高干干的女儿早早就在苏州为他们备好了食宿用品。

当高干干的外孙丁家遭遇拆迁，租住地条件太差时，五弟张寰和闻知后，马上让自己的两个女儿家搬离九如巷，给丁家人腾地方住，一住就是两年多。

高干干于1965年在苏州去世，享年81岁。张定和在自传中用了大量的篇幅去怀念这位情深义重的保姆，并把与四姐张充和合作的《趁着那黄昏》歌曲献给这位"母亲大人"。

张宇和回忆带自己的汪干干时,能够记得她的出身、家庭成员的所有状况,甚至记得她很大胆,可以拎走比井绳粗几倍的大蛇。汪干干给他做鞋子,一边做一边抱怨这双脚长得不够板正,但是最后还是把鞋子做得很漂亮。她给定和定了一些日常规矩,如吃饭时不准发出声响,不准把饭粒撒到桌子上,吃瓜果不可以挑选大的,不可以吹口哨,那样显得口型很丑,也正是这种对于日常点滴的要求,从而呈现一个有教养的孩子。并且使得他们长大后还铭记着这一切。

而张兆和与保姆的关系也很密切,保姆也是带着后代住在北京沈家,后来还得到了沈家的教育,获得留在北京的机会。写到此,就想到了周有光在允和去世后,也请了四川的保姆,后来保姆的孩子来到北京上学,也住在周家,周先生就连学费都给代交了。

而张充和与小侉奶奶的经历则是更显出了主仆一家人的典型。1948年12月17日,北京某机场,张充和与丈夫傅汉思、保姆小侉奶奶,带着一大堆珍贵书籍、字画等文物出现在了机场。

保姆小侉奶奶来自合肥,跟着充和很多年了,她临走时也拎着一个包袱,像是有什么宝贝似的。飞机超重,原本说好是两位乘客。怎么办呢?傅汉思曾建议是否先留下小侉奶奶,张充和坚决不肯。张充和当即决定丢下几包"宝贝",是真的"宝贝"——古人字画,明清古墨,古籍善本。张充和以此"置换"小侉奶奶登机。张充和希望飞机在返回时能够帮她运回,或者请在京的三姐帮忙寄运,当然这种想法在乱世之际全都落空了。

这样三人全都得以飞到青岛,然后又飞到上海,继而回到苏州家中整顿一下,并与九如巷家人道别一下。毕竟是要出国了,跟着夫君傅汉思去美国,无论如何,要回娘家苏州郑重告别一下。到了苏州时,打开小侉奶奶的包袱,才发现是一些必要衣物和擦拭玻璃的抹布。小侉奶奶还想着去了美国,能够继续帮助张充和清理家具,擦拭玻璃……

> 张定和与高干干

> 高干干与定和之子以达

张家人的朋友圈

张家十姐弟的交际各有不同,但是他们天真而大方,对于朋友却几乎是同样的原则,志趣相同,不计得失。十个姐弟既有共同的朋友,也有因为姐弟之间的关系,而获得的新朋友。

以张家最小的儿子宁和为例,他的朋友中有一位音乐家傅聪,因为也在国外学习音乐,从而成为朋友,因此在名著《傅雷家书》中就多次出现了张宁和的名字。1954年1月30日,傅雷致信傅聪,说有件事要和他谈谈,其中第一件事就是:"张宁和有信给我,请你代我郑重道谢,并且告诉他,他对我的称呼太客气了。等有空,再复他信。"[1] 1954年2月2日,傅雷致信傅聪,说到运送钢琴出去的事宜,并强调说:"你可请张宁和代向北京中国旅行社嘱咐一番,琴到时搬运要特别小心。"[2]

此后傅雷多次致信提及,张宁和处代我致意。1954年3月

---

[1]《傅雷家书精选》,天津人民出版社,2018年5月版。
[2]《傅雷家书精选》,天津人民出版社,2018年5月版。

29日，傅雷致信傅聪："《当代文艺》的法文本，我都没有，请代转至张宁和兄，《怎么办？》（车尔尼雪夫斯基名著）恐怕国际书店能代订。"由此可知，张宁和在致信傅雷时一定是出于尊称的，因此傅雷觉得不妥，回信时称为"兄"。①

2017年11月，张宁和的二姐允和、二姐夫周有光归葬于常州凤栖山时，傅雷之子傅敏先生特地赶到现场送行。这位长相神似哥哥傅聪的英语特级教师，也是《傅雷家书》的主编，他对张家人，尤其是宁和太熟悉了，这样一层关系，使得他也与张允和的后人成为好友。

大姐张元和的朋友在国内的不是太多，除了昆曲界的好友外，还有一对凌家兄妹颇为引人关注。凌宴池，出身于镇江西津古渡望族，后在太平天国战乱中迁居南通海门三阳镇。凌家祖辈、父辈都注重孩子的教育，无论男女都要尽力供养读书。家中则有秀雅园林，种植梅花树、石榴树、常青树，并饲养兔子、山羊、金鱼、乌龟等动物，以培养孩子对于自然万物的灵性。

凌宴池就读的是南京高等商业学堂，师从古籍名家柳诒徵，此后收藏书画、乐意古墨恐也是受恩师影响。凌宴池曾去日本留学，归国后在北平就职于金融业，与很多银行界藏友有着同样雅好。在北平不只是与书画界陈师曾、齐白石、姚茫父、陈半丁等熟识，还曾组织过书画社。在北平时，凌宴池与徐志摩、梅兰芳、熊希龄、林宰平、吴宓等也较为熟识，黄子美与他是同学，又是连襟。

---

① 《傅雷家书精选》，天津人民出版社，2018年5月版。

凌宴池在北京银行担任要职，妻子贺启兰则出身于湖南名门贺氏（据说是贺知章后人），也是书画兼能，曾得到齐白石、谭延闿、顾颉刚的称赞。而且两人乐于助人，成立了慈善机构。二人琴瑟和鸣，常吟诗作赋，他们的生活多少也会影响到元和。

1924年5月，著名诗人泰戈尔访华时，作为"北京画界同志会"主要成员的凌宴池，与齐白石、姚茫父、陈半丁、王梦白等人特为招待泰戈尔和随行的艺术家。

凌宴池后来又调往上海成为大陆银行的主管，在上海拥有自己的宅邸，并在上海举办过夫妻画展。个人对于收藏更是上心，收藏的项圣谟、吴昌硕、刘墉、张大千等名家书画不计其数，而他对于古墨的收藏更是用心之至，明清墨精品很多，还撰写了《清墨说略》论文发表在沈从文主编的《大公报》副刊上，周作人还在撰文时专门引用过。

凌宴池的妹妹凌海霞，经人介绍在乐益女中做舍监多年，与元和结下了深厚的友谊，有段时间凌海霞回乡办学校，还请元和帮着教学。凌海霞在海门做过多所学校的校长，曾担任过海门妇联主席，积极维护女权。她自己也是坚持女性独立，终身未婚，晚年靠着养殖科学实验的兔子和小白鼠养活自己和养女。养女即元和与顾志成所生的凌宏（随养母姓）。直到凌海霞去世，凌宏才得以与生母团聚。但是凌海霞一直给予凌宏最好的教育，使得她学有所成，并取得了较好的成就。凌海霞与元和也可谓生死之交，或许两人之间有过不和，但最终元和还是表达了对她早逝的纪念，而凌海霞在自传中也并没有提及过与元和的任何矛盾。

元和与顾志成在上海结婚时，凌宴池给予了资助；在抗战时期，还曾对元和、宗和给予物质支持。1939年7月宗和与凤竹在汉口订婚时，凌宴池为汉口大陆银行主管，不但承担张宗和的食宿费用，还包办了他俩的订婚宴，包括印制请柬、登报多日，使得宗和颇为感动。

凌宴池还一同与张家姐弟唱昆曲，经常在家里举办雅集和曲会，他自己也亲自上场演唱。张宗和在汉口期间，有个同学靳文翰来投靠，当时宗和借住在凌家，虽然感到为难，但还是答应了。靳文翰说武昌被轰炸得厉害，他不敢住在那里。于是宗和便带着他一次次拜见凌宴池先生，靳文翰希望住在大陆银行，以便继续读书。靳文翰后来曾留学海外，回国执教东吴大学法学院（执教英美法），1952年又被调入复旦大学历史系执教，主编出版了《世界历史辞典》。

由此谈到张宗和的交往，有诗人徐迟、历史学家殷炎麟（译有《西洋戏剧史》）、作家巴金、诗人卞之琳、曲友陶光、戏曲研究名家赵景深、作家兼编辑家章靳以、古琴名家查阜西、作家汪曾祺、翻译家高植（翻译了俄文作品《复活》《战争与和平》）等。至于说后来的忘年交，值得一提的是贵州省著名作家、书法家戴明贤（曾任贵州省书法家协会主席），他与张宗和可谓至交，他的书法甚至受到过张宗和的影响，张宗和一度因为身体原因拜托他帮忙批改学生作文。张宗和所带的昆曲学生也有不少成为朋友。在四个姐夫之中，张宗和似乎最能谈得来的是沈从文，他不但向沈从文请教文学，还请教过书法和历史。

张宗和与发小窦祖麟一直交好,常常通信。张宗和还把小女儿嫁给了窦家儿子,可谓"秦晋之好"。

从张家孩子交往的朋友可以看得出来,既有同代人的知己,也有比自己年轻很多的忘年交;既有知名的学者,也有普通的教师,而且他们之间的友谊可以持续成为世交。如苏州幔亭曲社(女子曲社)曲友许振寰,是张家姐妹们共同的曲友。以张充和为例,她在晚年回忆时,还记得许振寰的别名"静观楼主"。"许振寰在浒墅关蚕桑学校毕业后,分派到各乡镇去工作,栽培良好蚕种,教农民养蚕。她自小父亲去世,寡母带着她姐妹俩过日子。伯父管教她们很严,不许唱昆曲。但她更是酷爱昆曲。初见她时,是在苏州怡园,幔亭第一次同期中。"[①]

张充和的回忆极其准确,在许振寰去世后,她还从年轻的曲友张继青的唱腔发现了熟悉的音调,于是询问一下,果然是得益于许振寰的调教。因为母亲的关系,其子余心正也迷上昆曲,成为苏州昆剧传习所的一员,写过大量的昆曲理论文章。张充和每次回到苏州,他都会前来探望,张充和也曾多次致信他,希望他能整理其母的昆曲史料,便于传承。九如巷张家,余心正也是那里的常客,就如同半个世纪前,他的母亲常常去与张家姐妹一起背词、排练一样的情景。

[①]《张充和诗文集》,白谦慎编,生活·读书·新知三联书店2016年6月版。

> 张元和与曲友许振寰在排练昆曲

> 张元和、凌宴池、贺启兰在汉口合影

不拘小节
不舍旧物

陆

不拘小节
不舍旧物

不拘小节,能识大义。不拘传统,敢于创新。张家人从昔日的名门望族,官宦人家,到了辛亥革命之后,从此就彻底断绝了一些陈旧的传统。如祭祀先人,或是供奉神像,或是从事仕途。张家孩子在父母的带动下也开始渐渐远离家族昔日的辉煌,重新开始一种崭新的生活。他们似乎并不相信所谓的"命运",即使是在面对算命、看日子(选择黄道吉日)这样的传统做法,他们也不会就此表现出黯然或是沮丧,而是更坚定地走自己的道路。

当然,血脉里的基因,骨子里的传承,将是永远无法改变的。张家人世代都以办学为荣,从张树声、张华奎到张冀牖,再到张家"和"字辈姐弟。他们秉承着办学育人,惠及社会的原则,始终坚持私立学校的原则,有新锐、独到的办学理念,以及适当比例的免费生。且不受任何权力机构的影响,形成自己的办学风格,从而无意中也推动着地方教育的前进。在父母的影响下,孩子们与乐益女中的学生成为很好的朋友,甚至是一生的知己,他们互相帮助,共同推广公益行动,把个人的事业放置于社会洪流之中。既保留着传统的信义本质,又能够对文化有所创新,如改进学校课程,高薪聘请外地优秀教师。孩子们则不拘泥于旧式的国学，敢于创作新锐的白话文文学，甚至敢于写作坦露心迹的日记。事无不可对人说，话无不可对人讲。做人做到如此，也是一种坦荡。

现代家长务必教育孩子敢为人先的理念，不得抱着传统不放手，而是要有所创意地发挥自己的思想。要有敢于承担责任的勇毅，不必拘谨，更不要醉心于过去的成绩簿上。

《礼记·大学》里说："苟日新，日日新，又日新。"到如今仍是不过时的，跟风只会换来掉队，而迎难而上，敢于突破自己才是真正的"勇立潮头"。正所谓"不破不立"。

个人的命运

张家孩子似乎都不大相信"命运",他们有的被算过命,有的甚至被诊断为"绝症",但最后他们却是更坚信"自己的力量",不拘泥于现在,更向往于未来。

张充和在婴儿时期因为奶妈缺奶,嗷嗷待哺,再加上母亲身体不好,又要顾及家中大小,她不得不离开家。当时思想传统的叔祖母要求选个好日子,最好找个算命的给看看日子,但母亲陆英却坚决地表示,孩子自有他们的命运,她从手上摘下自己手腕上用红绳拴着的首饰(张充和与张宗和书信记录),戴在了幼小的充和的手腕上,就此让叔祖母把孩子带走了。

从此一别就是多年,直到16年后叔祖母去世,充和才回到苏州的家。而此时母亲早已病逝多年。但离别这16年期间,充和也会随着叔祖母回苏州探亲,母亲总是给她做她最喜欢吃的板栗烧鸡,并和她乘坐一辆黄包车,亲自送到火车站。这样的记忆,使得充和隐约感觉到母爱在失位的同时,似乎又是如影随形的。

张充和在就读北京大学时,突然因病休学,当时生了严重的肺病,而且经常会呕血,才子卢前曾形容她是"病黛玉"。休学后,张充和四处寻求治疗,并去青岛疗养。医生对她的诊断结果几乎是绝症,甚至说了生年几何,弄得张充和颇为绝望。但是当医生告诉她不能再继续唱昆曲时,她完全不予理会,这种看似伤气力的艺术形式,对于充和来说却是一种无法丢下的艺术信仰。她一个人去青岛海边散步,去攀登崂山,又一个人吟唱昆曲,她不愿意就此束手就擒。她更希望突破自己。她打破了医嘱禁忌,继续去参加拍曲。她觉得那样做心情是愉快的,也是一种压力的释放。

即使是抗战时期,张充和也没有放下过昆曲,再加上她对于书法的孜孜不倦练习和探索,虽然是颠沛流离,但她却能安然若素。整理民乐、编教材、义演支援前线、与同道雅集吟唱等。她好像忘了病情这回事,更投入于实际的工作和生活之中,富有激情地活着。直到嫁给傅汉思后,于战乱之中匆匆赴美。到了美国之后,她又全身心支持丈夫去考一个博士学位以便进入大学教书,而她则成为全职的大学图书馆管理员,既主外,又主内。

张允和小时候曾被人算过命,是在她和周有光结婚之前,算命先生看了他们的八字之后,说他们活不过35岁。他们选择结婚日期是阴历的年末,从传统的说法来看,是不吉利的。为此家里的保姆偷偷去找算命先生看八字,并建议张允和改选日子。后来张允和直接选了个周六,但却是阴历的月末,是个"尽头日子"。结果最终张允和活到了93岁,周有光则活到了112岁。

张允和与周有光结婚时并没有什么钱,周有光穷学生一个,因此对于爱情有退却的心理。张允和后来回忆说,她就像是古代时女子资助穷书生赶考一样，不知道他未来如何，但她就是愿意"押宝"在他身上。

说起来，张充和又何尝不是如此。追求她的人不知道有多少，但她却都委婉拒绝了，偏偏选中了"一无所有"的洋人傅汉思。出国了更是白手起家，靠着张充和卖掉家藏古墨度日，并全职工作全力支持丈夫去考个文凭。没想到傅汉思真是潜力无穷，不但接连在加利福尼亚大学、耶鲁大学任教，后来还曾留学日本，并在耶鲁大学创立了含有中国传统文化的研究中心，影响了一代汉学家，如史景迁、宇文所安。

张宁和，这位酷爱古典音乐的少年，曾携小提琴怀揣梦想留学国外，学成归来后，担任过国内不少重大纪念活动的音乐会指挥。后来他成为新中国第一代指挥家，曾担任中国广播电影交响乐团的首席指挥。在与比利时国家乐队的小提琴手吉兰相识相恋后，两人结为终身伴侣。20世纪60年代，张宁和随妻迁居比利时，此后便定居在了异国他乡。不知道是什么力量使得他义无反顾地放弃了国内的诸多荣誉，选择了别样的艺术生活，但他的选择却使他意外避开了国内有过的各种运动风潮，如"三反""五反"和"文革"，从而更好地为音乐服务，为艺术的普及和传承献身。

> 张兆和、张充和、韦均一在苏州护城河游泳

> 张允和在北京八大处骑驴

慷慨与大方

张家人对于物质的东西似乎并不在乎。张冀牖早期拥有旧版的《红楼梦》，看起来是古籍了，但他希望能够为孩子们喜欢，并不会束之高阁。允和回忆说，这些书就随意摆在那里，谁都可以去翻阅。即使是对于当时的舶来品照相机，张冀牖也不在乎，因此张充和、张定和、张寰和对于摄影都很喜欢，而且拍摄的作品还都不错。

在学校里，每次出版校刊时，张冀牖和妻子都会捐款，而且是捐款最多的。对于家里的财务，张冀牖几乎是不大过问的。有一次苏州报纸上刊登新闻，说他斥资20万元创办乐益女中，那是20世纪30年代初期，应该说的是20万银圆，因此老家对他大卖家里的田产办学校起了纷争。可是当女儿要去上海的大学报到时，家里却不能支付学费和生活费用，为此张允和曾和母亲公开闹过。但是张冀牖立下了规矩，家里的田产收入到账后，第一项先支付私立学校费用，其次才是家里的支出。

张宗和在上学时就总是把钱借给同学，有个苏老泉借了他的钱还老不还,弄得他"经济紧张",只得向四姐张充和诉苦。后来这位苏先生去了台湾,钱还是没还。但是张宗和还是照旧对人大方,他在困难时期把自己的一支金笔赠送了好友杨先生,这位杨先生到了贵州息烽,由文转医,成为一位中医,这支笔就常常拿来为病人开药方。宗和先生闻听后,大为欣慰。

张充和把自己在抗战时期绘画的《仕女图》赠送给了水利名家郑肇经先生,后来此画又加上沈尹默、汪东、乔大壮、潘伯鹰、章士钊等名家的书法题词。张充和后来几乎忘记了此事,但没想到半个世纪后,她在美国接到了国内苏州亲人打来的电话,询问她这幅《仕女图》正在苏州拍卖中,问她要不要。张充和当即表示要,于是张寰和的孙子张致元便去拍下来,然后回寄给了张充和。张充和睹物思人,便想到了老朋友郑肇经,后来回国专门探望,此时才获知,"文革"时期,这位知识分子遭到抄家,腿也被打伤了。张充和感慨万千,后来复制了《仕女图》并题诗三首赠予郑肇经先生。

能够给予的才是富有的。张家孩子似乎都具有这样的秉性。有一次,允和的好友从外地赶来请她帮忙,说她已经怀孕了,但是对方(男方)不肯接受她。允和气不过,非要找上门去讨个说法。讨说法期间这位女子总要有个安身之地。那时候允和正好新婚,与周有光在苏州租了新房,于是就让这位好友住在家里。为此周家老太太还觉得不合适,自家子女新婚之际,婚房里却住个孕妇进来,这算什么事情?外人会不会笑话?但允和不管这些,她坚持让好友住下来,并带着她去杭州找那个负心的男子讨说法。

这样的慷慨秉性在张家女婿身上也有所体现。沈从文先生历经多年收藏古董，如明清瓷器、织锦、唐卡、老纸等，不计其数，他捐给国家博物馆和清华大学博物馆的也是不计其数。当好友徐盈和子冈的儿子徐城北结婚时，他赠送的礼物是清乾隆时期的瓷器，还用皇家内府所用的笺纸，写上吉祥的赠言，成为徐城北家的珍藏。

当沈从文于唐山大地震时期寄住在苏州九如巷时，常常有人上门来求教求字，沈从文毫不犹豫，都给予赠送，这些人中有园林名家陈从周、画家杨明义等。他甚至把在抗战时期义卖的旧作也拿出来送人了，那可是老纸大尺幅的"大作"。后来，沈从文还把自己的一支毛笔赠送给了杨明义先生。

新中国成立之初，张家所办的乐益女中学校被当时的政府借用，张家为此搬出了以前所居的家宅，就连家中旧宅楼房也因改建而被拆，张家人毫无怨言，全家人挤住在原来的厨房和用人所居的小院落。

张寰和因为爱好摄影，为苏州和家族留下了大量的档案照片，为此史志部门多次征用这些照片，张寰和全力支持，不厌其烦地奉献出自己所创作和保存的所有照片。有教育方面的，有社会生活的，有名人相册等。

张充和晚年时特地委托弟子陈安娜把自己的一整套点翠头面连同一批戏衣、戏鞋都捐赠给中国昆曲博物馆。须知那套点翠头面，可是她卖掉老家的一部分土地才获得了巨款，请匠人专门打造订制的点翠工艺剧装。这种用翠鸟羽毛特制的工艺非常昂贵，但也非常精美。后来,张元和的女儿凌宏也把母亲有关昆曲的史料赠送给了昆曲博物馆。在张允和去世后,她的后人也把昆曲史料都寄赠给了昆曲博物馆。即使是张寰和、周孝华夫妇也是如此,把顾志成的昆曲纪念册、张元和身段谱都主动捐赠给了昆曲机构、传习所、档案部门,尽管那些都是自费制作的精美限量出版物,但他们乐意分享家庭文化,乐意奉献家族成员的原创文化。

> 张充和使用过的精绣戏衣,捐给了中国昆曲博物馆

> 乐益女中招生简章

> 张充和花费巨额订制的点翠头面,捐给了中国昆曲博物馆

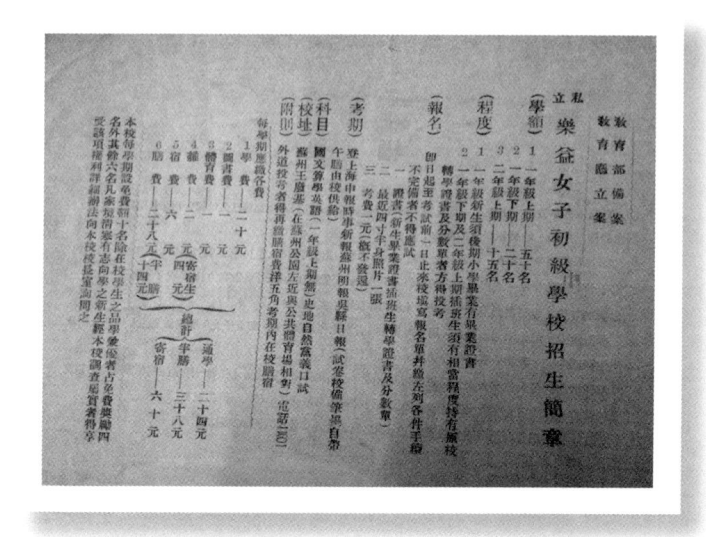

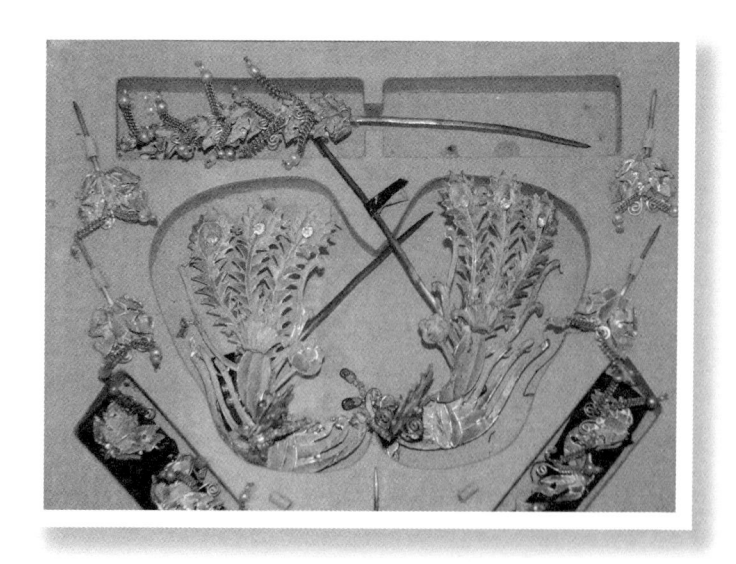

我们一起写日记

目前从可知的资料看,张家姐弟都有记日记的习惯,尤其是张家四姐妹、大弟宗和、五弟寰和都有日记留下。张宗和的日记更是已经正式出版了四本。从张家日记内容来看,主要是牵涉读书书目、读后感、日常生活,以及交友的情况。

张宗和的日记里记录了他们姐弟以及同学、朋友一起创办《水》的情况,使得我们能够获知《水》最早是由社员轮流值班编辑的,每月一期,甚至还会出新年号、合订本。每人提供的内容不同,如小说、日记、随笔、游记等。

从张宗和的日记我们可以知道,他的四个姐姐也都记日记,而且还会互相偷看。张宗和记录的有生活感想,还有与异性交往的感受。为此张充和曾在日记中谈及自己对这些内容的不屑,意思是整天都记一些卿卿我我。但张宗和对此却不以为然,都是青春年纪,都是饮食男女,不可能没有情感方面的需求和渴望。

只要是真情实感,只要是真实记录,又何妨坦诚记录呢?张宗和可谓"事无不可对人言"。他记录的生活点滴以及个人的情感历程，常常被姐姐们偷看，有时还被同学偷看。后来成为著名诗人的徐迟（当时名为徐商寿）以及成为戏曲学家的华粹深都曾偷看过张宗和的日记。

徐迟因为与张宗和是同一宿舍，有一次看到张宗和的日记没藏好，索性拿过来大看特看，然后还以张宗和的口气在上面写了一段日记。事情起因是张宗和曾偷看过他的日记，于是他大怒，并发誓要在七天内把张宗和的日记看个遍。于是张宗和日夜提防着，没想到还是"必有一失"。徐迟在日记里还戏称自己"商寿大爷"。对于这些张宗和毫不在意，甚至觉得好笑，还把这些内容原汁原味地留在日记本，使得我们今天还能够看到这些坦荡荡的趣味。

张宗和在日记里写读书笔记，写家庭琐事，写恋爱的故事，写情诗，也写几个姐姐的秘密。因此他的日记一旦被别人偷看了，几个姐姐也跟着着急。不只是爸爸、妈妈、同学，还有好友，如窦祖麟逮着机会也会偷看几眼，甚至连家里打扫卫生的用人家的孩子也会偷看，弄得宗和好不烦恼。有时日记本平白无故失踪了，还被姐姐责备。但他依旧在日记里写一些秘密，如沈从文追求三姐的经历，那是1932年8月8日，他记录："沈从文来苏州一趟，他算是得了一点胜利，三姐怕他不是很好看，我倒很愿意他们好。'又有第六只癞蛤蟆。'三姐说。四姐告诉我关于沈从文的事。真的，一个人都有些事真是要命，有些感情上的事连自己都不容易解决。"

有段时间，张充和的一本日记不见了，急得直哭，看来日记隐藏着她的所有秘密,生活的,情感的。她总觉得是大弟给藏起来了,就怪罪他。因为平时大弟最喜欢和她玩恶作剧。但宗和的确没有偷拿,看着四姐又急又哭的样子,感同身受。最后还是用人在柜子里的角落处寻找到了。一场虚惊。这种生活小场景,都被张宗和一一记录在日记里,使人仿佛看到张家孩子早期内心丰富的世界。

张家孩子日记里记录着彼此的生活表现,以及内心隐约的情感世界。张充和有一天记录了两句话,非常值得玩味。"今晚二姐最快活,其次是大弟。"那天发生了什么事呢?因为那一晚,周有光来张家玩了,还有周有光的姐妹们,二姐允和与周有光正处于热恋之中,而大弟也暗恋周有光的一个妹妹。由此可见,张充和的观察能力是非常强的,而且是极其精准的。

张宗和送给二姐允和一本日记本,二姐让她在上面写几句诗。宗和就写下了:

这本日记是这样的大,
为的是要了多写些有趣的话,
这样当不辜负了它,
我们的事我知道得很多,
再不必藏藏躲躲,
索性公开了以为如何?(《张宗和日记》)

这是中学时期的张宗和心迹,也是他青春时期的真实表现。

张允和的日记早期记录的是情感、生活，还有与人交往的故事。后来则多记录有关昆曲的事情，但因为"文革"，不得不停止了记录。直到 1978 年又继续记录。最后还出版了《昆曲日记》。

张家孩子记日记的好习惯培养了他们热爱生活的态度、锻炼了他们观察事物的能力。吾日三省吾身，每天看看自己都做了什么，有什么值得记录的，又有什么值得反思的地方，久而久之，不觉受益其中。

因此张家孩子竞相记日记，看似是一件日常小事，但却是一种极好的生活习惯。古代一些文士或者官员也有记日记的习惯，既是记录一段岁月的痕迹，也是一个家族的珍贵档案。从长远来看，张家孩子们的日记汇总，更可能是一个社会乃至一个国家社会的历史缩影。

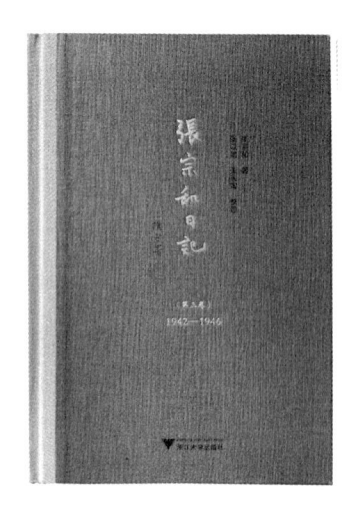

> 《张宗和日记》出版封面

前进与守定

纵观张家的文化,似乎一直在寻求向前走的力量。在抛弃旧有的思维的同时,却并不会摒弃传统的东西,例如忠义、诚信、善良等。

张树声就任两广总督时曾倡议洋务运动,但却不是李鸿章那种"以夷制夷"的方法,不是"全盘西化"的方式,而是以追求本国文化为本,以洋务文化作为发展动力。中国的文化古老而悠长,不可能一夜之间就全部摒除。例如科举文化,可以废除这种单一的选拔人才的方式,但是却不可能彻底丢弃了传统的古文形式,因为这是中国文化的根源,会读古文,能够以古为师,未尝不是一种中国人的进步思维。而会做文章,做具有深度思想的论证文章,则更需要一定古文基础。张树声在被朝廷召见时倡导革新学子的课程,以及学习的方式,甚至直接提出了废除科举形式。而他在广东兴办新式学堂时则加入了算术、英文的课程,甚至还请来了洋教师上课。即使是在离世之际的遗奏中,张树声还在极力倡导"中为体、西为用"。"夫西人立国,自有本末,虽礼乐教化远逊中华，然驯致富强，具有体用。育才于学堂，论政于议院，君民一体，上下一心，务实而戒虚，谋定而后动，此其体也；轮船、大炮、洋枪、水雷、铁路、电线，此其用也。"①

1884年，张树声极富远见，大胆地提出了：没有根据的政治议论，只会增加治理地方的累赘，甚至是误国误民。不如切实建立新式学堂，并建立一种类似西方议院的议政方式。一切从务实出发，取长补短，兢兢业业，励精图治，如此方有进步的可能。

到了张树声之子张华奎一代，仍旧是继续倡导革新的理念。张华奎本是在京为官，作为一代言官，他曾经多次谏言，也因此得罪了一些官员。后来被调往四川东部担任川东道（代理），在他任职期间发现当地人因为穷困而导致不少地方治安很乱，匪盗出没，老百姓没有安全感。为此他极力整顿治安，打击匪盗，并尽力发展当地经济，切实解决人们的温饱问题。而他面临最大的难题则是办理教案。晚清时期，教堂很多，传教士屡屡与地方发生矛盾，甚至出现了命案。过于遏制传教行为，则影响清廷与外国人的关系，但如果彻底打击地方袭击教堂和传教士的行为，则又会伤及民心，甚至有失国体尊严。因此一定要权衡利弊，使得两方面都能觉得自己是获利的，而非受损失的一方。这可以说是非常难以做到的。

为了办理教案，张华奎伤透脑筋，却频频得以完成任务。因此，朝廷一旦涉及蜀地教案，几乎都会交给他去办理。而他面临

---

① 《李鸿章张树声刘铭传文选》，尹福庭注译，巴蜀书社1997年6月版。

最大的难题还是外交，洋人要求清廷开埠，沿长江水岸，在重庆开辟商运码头，如何操作，又该如何处理税收问题，管理权如何设置，种种难题都需要张华奎亲自处理。既要满足洋人的要求，又要顾及朝廷的面子和利益。重庆开埠的成功案例，使得双方都较为满意，至少朝廷方面是满意的，为此还提高了张华奎的官衔，从代理升任川东道。

只是张华奎苦心理政，太过操劳，很早就在任上病逝了。但他留下了较好的政治基础，甚至还曾参与兴办新学。而他遗留的大批藏书则为后代的再一次崛起，奠定了极好的基础。

张华奎膝下无子，古代"不孝有三，无后为大"，为此家族商议从第五房抱养一个男孩，作为张华奎的继承人。这个人就是后来乐益女中的创立人张冀牖。

或许是因为没有了上一代人的顾忌，张冀牖则坚守着家里的古籍藏书以及明清书画，但也并没有拒绝新兴的文化元素，新一代进步思想的刊物和出版物接踵而至。张冀牖身上带着旧式私塾的思维，但同时也在极力吸收新鲜的文化思想，他支持新生力量的诞生，并亲身加入了兴办女学的行列中。

"女子无才便是德"的文化糟粕在张家被彻底摒弃了，但如何给予她们更好的教育，则是新的命题。张冀牖积极倡导女生们走出校门，去郊游，去游历山水、访问社会，同时开设了体育、话剧、钢琴、白话文文学等课程。他自己更是乐意迎接照相术、电影、唱片机、天文学等新的艺术和科学工具。

张冀牖对于另一半几乎没有明确的要求，似乎放手更是常态。把家里的财务权交给另一半,并且带着她一起去看昆曲、看话剧、看电影,有时候在上海一住就是半个月。他们各自拥有自己的书房,可以来往,但却不会互相干涉。男女平等的理念,从张冀牖和妻子的关系中得到鲜明的印证。

"慎独"应该说是中国古老文化里的一个形容个人自修的名词。张冀牖平时可以和孩子们一起演出话剧,还化装扮演昆曲里的小丑,且他几乎没有其他不良嗜好,没有旧时代的"捧戏子"、去"风月场所"或是沉迷樗蒲的恶习。

他也会带孩子去认识古代文物,譬如唐代的宝带桥。可是他用的方式却极为有趣。他问孩子们,这座长长的多孔桥到底有多少个桥孔呢?孩子们答不出。于是,他让一个孩子走在前面,发现一个桥洞就丢下一枚铜钱,后面则有孩子跟着捡起铜钱。最后一统计是53个桥孔。从此孩子们记住了宝带桥的桥孔,也记住了他们随父亲游览古迹的经历。

> 张树声塑像

> 徐商寿（徐迟）
代张宗和写的日记

> 张树声奏议集

> 九如巷宅院里还保留着练武器械

审美意趣
风雅永存

审美意趣
风雅永存

气质这种东西,就连上帝都无法赐予你。所谓腹有诗书气自华。一个人走出去的样子,就是一个家庭教育的缩影。张家十姐弟无论走到哪里,似乎都会引起人们的关注,温文尔雅,如沐春风。他们身上透露着传统的礼仪,但又不失现代的风趣和幽默。这背后该是一个怎样开放而又具有智慧的家庭教育环境呢?

张家的孩子自小接触的是文人书画,经典古籍,包括新兴的刊物、乐器、电器等,他们生活在传统中,生活方式却并不守旧。对于父母没有旧式的叩拜礼仪,更多的是平等和互相尊重。来往的朋友中,既有皇族后裔,如溥儒,也有苏州名门,如姑苏贝氏、顾氏、王氏等。他们在一起探讨昆曲、书法、诗词、音乐,但同时也会探讨新文学、旅游风尚、新式的话剧等。他们不拘旧礼,洒脱随意,但又不会陷入俗气和奢侈,而是根据现有的条件吟诗作赋,或是合作话剧,或是举行雅集。他们会有忘年交,甚至有不同地域的朋友,上海的、北京的、安徽的,乃至于海外的洋人,张家的女婿中就有一个纯粹的外国人,德裔美籍。张家儿媳中,也有一个外国人(张宁和妻子吉兰,比利时人。)。但是他们之间交往完全没有障碍。这完全得益于一个开放的家风。

　　培养孩子开朗和宽容的性格,在任何的时期都不要变得狭隘和自大,不要抱守家族昔日的辉煌,而是尽可能地把自己放得很低,始终保持谦逊的姿态。绝不要出现任何的傲气,但亦有自己的坚持原则,例如在一些审美情趣上,始终有一些超越生活本身的东西。这也是一个良好家教长期熏陶的过程。

气质从何而来

有句话说,气质这种东西,就连上帝都无法给你。还有人说,30岁以前的样子是天生的;30岁后,则是修行来的。

看张家人的旧影,使人恍惚觉得它们并不逊于当下的明星照片。不说是一代芳华,或者玉树临风,至少是仪表不凡,自带气质。如张元和的旧影,始终是端庄、雍容的,大家闺秀,隐约可见。又如张寰和早年的旧照,更是被人误认为是明星张国荣的黑白照片。

张允和年轻时与周有光谈恋爱,在杭州西湖之畔散步时,后面始终跟着小和尚,他很好奇,但又不好意思询问。最终他还是忍不住问了周有光,这个女子是不是外国人?因为张允和的鼻子比较高挺,而那正是张家孩子的遗传,继承了父辈一代的长相特质。张允和在上海读书时的照片就被照相馆拿去做橱窗广告,后来还被刊登在了杂志封面上。足见张允和的外形出众。

而张元和在大夏大学被评为四大校花之一,其外号为"皇后",落落大方,雍容华贵。难怪有不少人暗生爱慕,就连女生也喜欢她，喜欢和她在一起，喜欢和她一起合影，甘心照顾她，甚至要求她不要唱昆曲，因为那样有损她的形象（因为旧时观念中唱戏是不上台面的事情）。但元和是那样地痴迷昆曲艺术，甚至爱屋及乌，最终还嫁给了昆曲小生。

张家孩子从小就知道穿着之道，以前家中富足时，多请裁缝到家里量身定制衣服，面料也是特地选择的，个人身材、气质不同，可能需要相对应的设计。要先定型、打板，才可以制作衣服。因此张充和到了美国之后，也还是喜欢穿着中式服饰，越是公开的展览机会，她越是注重中式传统的装扮。她的衣服多为定制，而且她喜欢传统的织染，如贵州蜡染，她到晚年都喜欢随身携带穿着。有一段时间她回国，发现人们穿着几乎是统一的，男的中山装，女的则极其素色，灰色、青色，她与友人私信中戏称："她们怎么能穿得像是'和尚装'？"

张允和对于穿着倒不是多么在乎面料和设计，但必须是合适自己的衣服，尽管她的孙女回忆说，奶奶内里的背心都破洞了，她还是舍不得丢弃。但从张允和在 20 世纪五六十年代所拍摄的照片看，即使是朴素的黑白灰色，她也要穿出一些别样的气息。1957 年她在北京八大处骑驴上山，所穿不过是普通灯笼裤、半袖斜襟高领衬衫，但是身背竹篾尖顶斗笠，一下子觉得复古了。同样是 20 世纪 50 年代的旧影，在苏州的一丛花草中，她穿着黑裙，上身依旧是半袖高领斜襟衣衫，但手里多了一把油纸伞，顿时显得典雅了。对于此照，她还在回忆中戏称，照片是五弟给拍的，在苏州南园，其实草丛旁就是一个沤粪池。

还有"上山下乡"时期的留影,张允和身着女式列宁服,灰色的,双排大扣,看上去中规中矩。但张允和特地围上一条手织的围巾,后颈处半拢住头部,立即显得活泼了一些。

这位身材娇小的女子,穿过精致的定制旗袍,穿过貂绒大衣,也穿过扮演尼姑的戏衣,到了晚年似乎都是素色的衣衫,却真的做到了"腹有诗书气自华",从而吸引到了很多"粉丝",继而得以成为"白发红女",约稿、采访、出书、出镜、演出等活动接连不断。

张寰和耄耋之年还常常捧着唐诗吟诵,谈话间时不时会想起某一句诗词,随口就来。他想到年轻时常随着姐姐们出游,有一次随着四姐去杭州西溪,看到那里到处是芦花飘散,就如同飘雪一样。他不禁吟出了那联名句:"千里蒹葭十里洲,溪居宜月更宜秋。"而那个"秋芦飞雪"的景致,也给他的少年时光留下了无穷的诗意。

"梁园日暮乱飞鸦,极目萧条三两家。庭树不知人去尽,春来还发旧时花。"这是张寰和少年时父亲教给他的第一首诗,唐代岑参的《山房春事二首》。1938年,张寰和从上海放假归家,和三哥一起回到久违的旧居寿宁弄,那是他们租住别人家的宅院。那里树木郁葱,玉兰花如雪,假山林立,亭园依旧,但是庭院里却没有人住,显得荒凉了一些。张寰和一下子就想到了父亲教给他的诗句,突然感触良深。于是在此地与三哥合影留念。

柒 / 审美意趣　风雅永存　163

> 张寰和照片

> 张家四姐妹（上海万氏摄影）

从梅花树到梅花展

苏州九如巷张家的小小院落，看起来并不是那么开阔，但却被打理得井井有条，而且种植的花木、杂蔬也很丰富。

这里有梅花树、虎耳草、无花果树、粉芍药、鱼腥草、薄荷、迎春花等。听张家人说，这虎耳草还是从沈从文故乡湘西带回来的品种。沈从文笔下的虎耳草早已成为经典形象。至于说无花果树，则更是家人的牵绊，常常出现在家庭杂志《水》上，每年果实累累，张家人都会给邻人、友人共飨。

无花果，没有艳丽的、引人注目的花朵，却结出了青黄相间的甜果子，可以润肺止咳，可以冰镇食用。很多人慕名探访九如巷，正好赶上无花果结果，就能享受到这种诱人的果实。

张家小院种植的梅花多为蜡梅，有素心梅、磬口梅、金钟梅等，大的树冠如巨伞，花开一树，暗香袭人；小的则枝条挺立，金花点点，坦然无声地迎接着寒冬的到来。每年梅花含苞待放时，张家人都会提前告知同城的好友，可以来取梅枝了，回去插花。插了梅花好过年。寒冬腊月，家里的梅瓶早早供上几枝梅花，满屋生香，春意似有似无，使人沉醉其中。

说到这种梅花，就使人想到了张充和在大洋彼岸做的梅花展，一时间轰动当地美学界。

张充和在书法之余喜欢画梅花，她对照历代梅谱临摹研习，她送给大弟张宗和的新年礼物就是一幅她画的梅花图，一枝出岫，诗意无限。而她后来所临摹的手稿也都上了拍卖台，受到各界的追捧。

张充和的丈夫傅汉思翻译了大量的中国六朝辞赋，并以英文撰写了中国诗人传记，在耶鲁大学出版。他的一本著作《梅花与宫闱佳丽：中国诗选译随谈》还被翻译成中文，受到国内读者的喜爱。在这本书中，傅汉思用了大量的篇幅诠释中国人与梅花的关系，尤其是士大夫和文人阶层，以及梅花同中国女性的关系。他同时强调，自己的妻子张充和本身就是一位诗人，给了他创作的灵感，同时也以梅花的意象形容妻子的气质。

1985年，一场"玉骨冰魂：中国艺术中的梅花"展览在美国耶鲁大学举行，其中就有张充和的梅花手稿，也有傅汉思翻译的19首有关梅花的中国诗词，相得益彰。这场展览从南宋雕版印刷的《梅花喜神谱》到清代金冬心的梅花图，丰富而雅致。后来还出版了《玉骨冰魂——梅花题材精美展览图录》，影响一时，这场梅花主题的展览在业界夺得大奖，并使得人们对于张充和之书法以外的艺术涵养有了更多理解。

在所有关于张充和的出版物中，以薄英出版的《桃花鱼》为最著。我曾见过张充和在张定和《桃花鱼》书上的题跋："定弟知我有'随地吐×(注：痰)'之性，故为我收集诗词，不仅少作，甚至童作。汉思即在其中选出十八首译成英文，由螃蟹印刷所薄英君，为余书法弟子，专印少量善本书，自印、自装，并镌书名，成书甚慢，拟共印百四十册（注：140册），此为第八册。"（张定和私人收藏之《桃花鱼》）

从中可知，张充和的《桃花鱼》一书中的大部分诗词来自张定和的有心收集，因此张充和把排号靠前的善本赠给这位弟弟也是理所当然。

当然，作为一位外国学人，也是张充和的书法弟子薄英，他做这本书也是因为感念师恩。

"1994年我开始跟着张充和学习书法。有一天我问她，她是怎样欣赏书法的。她说道：'我把书法视作舞蹈，经过一点训练你就能看懂毛笔是如何起舞的。'说着，她写下了一个'小'字，在写两点时，特地夸张了毛笔笔尖跳动连接的动作。然后她出示了自己的一件小楷作品——一首姜夔词。她拿起一支干的毛笔，我们一起想象和重构书写那件作品毛笔起舞的过程。她要求极严，会不断敲打纠正我的肩膀说：'必须从这里施力。'我明白了写书法和身体姿势密切相关。所以要问怎样从书法角度理解风景的话，我想方法之一就是我们通过自己亲身感受风景来了解。"[1]
读薄英的书可以发现，他是通过华人书法教授朱继荣的介绍认识

---

[1]《流动——薄英的艺术世界》薄英著，上海文化出版社2012年6月版。

了张充和,从此潜心随张充和学习书法。在与张充和的长期相处之中,薄英表示受益匪浅:"每一次,她都给我很多启发。记得一天,我向她讲述自己关于艺术的思考和疑虑,她回答道:'这个嘛,我也许不应该这么说的,但是我认为艺术史研究中的事情很大程度上和真正的艺术作品本身并无多大关联,更别提它对于生活的影响了。不过我很高兴你乐于如实感知生活和创作,如果你选择当艺术家,我相信你会成功。'"[①]后来,薄英就离开了求学多年的耶鲁大学,开始了他真正的艺术之旅。

薄英创办了自己的出版社——蟹羽出版社,致力于书籍设计,在他所出版的少量书籍中,以张充和的《桃花鱼》最为知名,成为爱书人和收藏界的宠爱。

苏州九如巷张家就保留着这本《桃花鱼》,看到之后不禁使人心动。这本书放在那里,那种浓郁的仪式感,就像是在展示一种中国仪式,显出一本书自有的尊严。封面木板设计古色古香,镌刻的书名更是古意十足,完全想象不到是出自一位外国艺术家的设计。

根据薄英的介绍,《桃花鱼》的封面和封底木材为三种不同的木料,分别为印度紫檀、阿拉斯加雪杉和非洲沙比利木。"我想我看到的应该是印度紫檀,颜色深沉而庄重,纹理密致而神秘。"薄英说,他之所以要选择这三种来自不同地区的木材,是因为这些木材的特点与张充和的艺术气质很是契合。书中内文是张充和

[①]《流动——薄英的艺术世界》,薄英著,上海文化出版社2012年6月版。

用小楷誊抄的个人诗词。如何更为真实地表现出张充和书法的韵味？薄英选用了一家德国老牌艺术纸张制造商出产的安格尔米白色重磅毛边纸，他说："这种纸能传达出宣纸的感觉。"

薄英曾得见张充和收藏的明清徽墨，当然更懂得宣纸与书法的关系。应该说，薄英是把这本书，或者这140本善本当作一件完整的作品完成的。从第一本《桃花鱼》面世，到最后一本装订完成，他整整用了三年时间。

正是因为接触了张充和，使得薄英的艺术之路更加往中国的古代迈进了一大步。薄英曾说："我觉得我上辈子是苏州人。"他个人非常喜欢沈周的《夜坐图》，这幅图的意境曾给他的创作带来很多的灵感。薄英说："在我为人生作出重大决定的时候，沈周与张充和给了我很重要的启示。他们都是苏州人，所以我觉得，我与苏州的缘分好像是冥冥中注定的一样。"

薄英曾在中国实施过四次寻碑之旅，每一次的出发地点都是苏州。

总觉得薄英与张充和有着相同的特质，他们的性格都是浪漫而散淡的，一旦牵涉艺术，却又无比严谨和用心。

> （本书作者）王道与张寰和在九如巷梅花树下合影

> 张充和绘画的梅花图，赠给张宗和

> 张充和在美国与人合办的"梅花主题展"之扇面

近朱者赤

张充和到美国后,一度因为没有工作而生活困窘,当时是一位意大利籍的朋友奥斯基帮助了他们。奥斯基先后在意大利、德国、美国执教,当时在加州教授西方古典诗论,研究的诗作多为欧洲文艺复兴时期的作品。这位奥斯基可能是在赵元任家中认识的张充和,因为赵元任也在加州任教,家中常来往的有胡适、李方桂、杨联陞、李济、陈世骧等。张充和与傅汉思也是赵家常客。

奥斯基先生后来开始向张充和学习中国诗词,并自费出版了一本诗词集《练习曲》,还请张充和为他修改稿件。张充和为奥斯基诗集题写两个书名,在张充和为时不短的书法题签史上也是鲜有的。张充和在给大弟宗和的信中一再表达对奥斯基的感恩之心。

在一众好友之中,张充和总是格外珍惜与同道的交往,甚至迎接他们住在自己的家中。如张大千路过美国时,就曾住在张充和家。早在抗战时期,张大千就为张充和画过一幅《蕉荫仕女图》,虽然只是一时的速写之背影,却意外成为一幅极富蕴藉的仕女图。

而张充和则以家中自种的普通蔬菜来招待张大千。

1958年1月，钱穆的夫人胡美琦赴加州伯克利大学教育研究院进修一年，钱穆写信给"充和同学"，托其照顾。因为在北京大学时，钱穆曾做过张充和的老师。1960年7月，钱穆与夫人在美国游览，在张充和家住了一晚。后来钱穆为此致信感谢张充和："此次来西部，在尊府下榻一宵，诚为此游程中大堪想念之事。贤伉俪情意殷浓，尤深感动，唯恨匆匆，未获聆充和一曲清唱，大以为憾耳。"

张充和早年在伯克利加州大学东亚图书馆工作时，常常遇到胡适来借书，张充和还偷偷记录下胡适借书的情况，说那么大的学者，却连借书卡都不会填写。后来还是张充和帮着填写的。当年张充和数学分数为零，却能够进入北京大学校门，还要感谢胡适的"破格录取"。但是胡适却并不会计较这种所谓"恩"，反倒要到张充和家借用笔墨纸砚写作书法。1956年9月，胡适先生在伯克利加州大学担任客座教授，当时不少人向他求字，他一般写自己的白话诗，或是元代曲家贯酸斋的名句。张充和每天都不会忽视书法练习，因此常备着笔墨纸砚。胡适来了，她还拿出了自藏的早期"晚学斋用笺"，胡适每次都会写上十几张送人。当然也会送给张充和、傅汉思。写的是贯酸斋所著《清江引》："若还与他相见时，道个真传示：不是不修书，不是无才思，绕清江，买不得，天样纸。"

著名学者余英时与张充和同为钱穆的学生，而且同在美国，因此常有来往。有一次，余英时来访，张充和把丈夫买来的裱盒改装成仿古的墨盒。她一边打开墨盒一边说："看,我多么玩物丧志。"余英时说："你即使不玩物,也没有什么志啊。"张充和总是说自己喜欢"玩",写书法、画梅花、唱昆曲,或者是为笛子缝制"衣服",以及种菜、种植香椿树。对于昆曲,余英时也很喜欢听,可是在美国很久都没有听到昆曲了,有一次张充和去哈佛大学做演唱,余英时听完就作了一首诗:

一曲思凡百感侵,
京华旧梦已沉沉。
不须更写还乡句,
故国如今无此音。(张家家庭刊物《水》)

没想到这首诗传到了国内,张允和表示不服气,因为她一直在致力于昆曲的传承,也写了诗和之。由此国内国外不少曲友纷纷续和,最后竟成为曲坛一段佳话。

张充和家里备着一本留言簿《曲人鸿爪》,是备着给来访的曲友留言的。这个习惯她从抗战时期就开始了。曲家修养都颇高,诗词、书法、音律、绘画等,都有些功底。

1982年余英时在《曲人鸿爪》书画册中题诗:

卧隐林岩梦久寒,
麻姑桥下水湍湍。
如今况是烟波尽,
不许人间有钓竿。

余英时平时可以和傅汉思畅谈中国诗词，乃至明清思想史。也可以与张充和畅谈曲学、音律，乃至传统式的中国生活和文化。

孔子曰："益者三友，损者三友。友直，友谅，友多闻，益矣。友便辟，友善柔，友便佞，损矣。"说的是朋友坦诚相待，朋友互相理解，以及朋友见识远大，都是对自己极其有益的事情。以张充和为例，她所交往的朋友中，既有寺庙的高僧，也有庵堂的小尼姑，既有著名的学者如汪东、卢前、胡适、梁实秋、杨荫浏、沈尹默、章士钊、余英时等，也有普通的曲友季志良、孙天申、尹继芳等。她回国后，曾暂住在上海曲友孙天申的家中，她们只是因为昆曲相识相知，孙天申带着她去楼下城隍庙吃小吃，白天一起拍曲，晚上夜谈甚欢。张充和给孙天申留下的书法落款是"留给天申擦锅底用"。这种极其自谦的话语，使得孙天申大为感触，她觉得人生得一知己足矣。在张充和去世后，她还保留着充和使用过的桌子和床铺。

早在抗战时期的重庆，学者章士钊赠一首诗给张充和，在诗文中把她比作蔡文姬。按说这是乱世之中的一种褒奖。可是张充和当时一看却不大高兴，蔡文姬当然是一代才女，才貌双全，可是蔡文姬是被迫远嫁了匈奴，半生过着与匈奴为伴的日子。但是后来张充和嫁给了域外的傅汉思之后，倒是突然释怀了。这不也是一种远离家国的日子吗？而且张充和后来写了一批《桃花鱼》的诗词，似乎在与古代的王昭君笔下的桃花鱼相为呼应呢！

> 张充和为奥斯基诗集题签

> 著名书法家郑培凯（右一）为张家题写诗词书法

> 周有光、张允和举杯敬祝寿星俞平伯长寿健康

上善若水 斯文家风

上善若水
斯文家风

　　一个人来到世上,不只是为了自己,还应该考虑到传承,以及对未来的点滴贡献。张家的孩子似乎早早从家族的传承中感悟到了一点奉献的精神。或许这也是张家的家风传承,以及父母的平时培养,使得他们感受到,自己应该尽可能在一个领域,或者是几个领域能够有所成就,不只是为了个人的荣誉,而是发自内心地喜欢和热爱。并希望能够惠及他人,就如同一粒种子,被埋进土里,却可以长成参天大树,遮天蔽日,可以为人们遮挡风雨。也可以像一味药材,生根发芽,从而真正地惠及他人,甚至能够真正帮助他人实现自己的梦想。

　　张家的后人从"和"字辈开始就出现了专业的分工,有人是历史学家,有人却是植物学家,有人则是摄影家。他们都渴望为公共服务,走向社会,走向社团,积极发挥个人的专长。而再下一代的张家人则更是分工明细,飞行员、医生、气象学家、解放军军人、工程师、农学家、设计师、新闻记者等。在他们身上始终保持着张家的斯文,他们专注于各自的专业,但同时也会乐于阅读、音乐、美术、旅游、摄影等。他们热爱生活,积极向上,愿意尽可能帮助身边的朋友,乃至更远地方的人群。如张兆和的儿子虎雏就与妻子张之佩一起帮助远在川滇边界之石门坎山区的孩子,年复一年。而张寰和之子张以迪先生，身为摄影师，则义务捐赠家中的摄影作品，用于家乡合肥肥西县城历史古迹的修建，并把几乎全部的摄影资料复制给苏州档案部门和相关出版机构。张宗和女儿张以䖸、张元和女儿凌宏、张允和孙女周和庆也都把家中的昆曲史料慷慨捐给了中国昆曲博物馆。

  从风云激荡的晚清时局到太平时期的新社会，张家人仍在继续传承着家族的斯文家风，如水一般，润物无声。他们从来都不是站在舞台中央的人物，却总愿意迈出先进的步伐。他们一代代在继续父辈的传统，但又在不自觉地革新着个人思维，从而更好地适应时代，并发挥各自的能力。如水滴融入河流，又如同河流汇入江海，奔流不息，勇立潮头。

自然之子

张家从张树声到张华奎两代人都是走仕途。即使没有进入仕途，也是受到恩惠有了一官半职的。但是到了张冀牖一代，陡然一变，开始远离仕途，一直延续到他的子女、孙辈、曾孙辈都几乎没有进入仕途的。

但这并非张家人的刻意回避，而是他们各有另外一种追求。他们似乎并不愿意介入政界，即使是一些民主党派他们也没有介入。张冀牖办学时曾力邀各界有识之士进入乐益女中担任校务管理和教职，并不在乎他们所属的党派或者信仰。他看到的只是人才，人尽其用。当然还有人的品质和修养。

而且张冀牖坚决拒绝任何外来的赞助，包括当局的公费，因为他要坚持私立办学的主张，要有独立的意识和开放办学的思想，不能因为一点私利而受到束缚。

张家孩子各有自己的所长，他们想的是把自己所学的专业尽可能提高和加大维度。因此他们即使是在集体单位中，也不会想着加入什么派别，或是担任什么长官。张宗和在家里担任私立学校校长都觉得"难堪",因为那不是他的志向,他不想"做官",更想要在学问上有所长进。因此他果断辞职,远远离开家乡。

而张寰和继任后,也并没有任何"官架子",没有助理、没有秘书,所有事情亲力亲为,实在不行请妻子周孝华义务帮助,或是让自己的儿子加入进来义务劳动。张寰和为同学们拍照,是义务的,不收取任何费用,反正家里有暗房可以冲洗胶卷。张寰和请同学们一起排练节目,还要让妻子做饭菜给师生们提供饮食。当家里的学校被公私合营后,张寰和更没有半点怨言,按照上面的安排去了另一所学校执教。但是对于乐益女中的史料,他则义务做了整理。后来,他整理的诸多材料在参加苏州教育史志的编纂时,成为珍贵的史料。

张元和在上海唱昆曲时曾接触了一些政界人士,甚至有一位部队将军把房子借给她和顾志成居住。但是他们却没有进入政界,即使是有接触,也是有关昆曲事务的。顾志成后来去了台湾,也没有与"国民政府"成员接触,他的友人仍然是以商界、曲界为主。

张允和早期曾因为主编《苏州明报》妇女副刊,短暂担任过妇联委员,除此之外,再无任何实际的职务。她的履历非常简单:上海光华大学(今华东师范大学)历史系任教、高中历史老师、人民教育出版社历史教材编辑等。她更热衷于文学创作、历史的追索,以及昆曲的传承。因此她在"三反""五反"之后便不再工作了,说起来这也与丈夫周有光有点关系。他觉得妻子身材娇小,虽然斗胆写过几篇历史评论,对于历史教学提的意见还被刊登在了《人民日报》上,就连当时的教育家叶圣陶都点名把她调往北京在人民教育出版社担任编辑，但是妻子到底不是参政、辩论的高手，还是老老实实待在家里吧。就这样，张允和就成为"家庭妇女"。但她闲不住，业余时间帮忙昆曲传承事务，后来就被北京昆曲研习社吸收入会，而且她参与的节目还受到了周恩来总理的关注。周总理特地赶赴剧场观看研习社演出，给予允和极大的鼓励。

按说早在抗战时期，周有光与周恩来就有过接触，那时周有光还在从事本业金融工作，但他并没有因此请求组织上对妻子进行照顾。张允和年轻时一直强烈反对妇女成为"家主婆"，鼓励她们走出去。可是她自己却在中年以后成为"家庭妇女"。她并不甘心守在家，而是不断尝试走出去，为昆曲，为传统文化，为家庭文化做一些贡献。而周有光则被调出金融行业，到北京后就从事语言研究工作，尽管他名气很大，但不是什么级别的官员，而始终是一位天真的书生，一位孜孜不倦的学者。

张兆和则从文学起步，到文学专业，虽然曾有过执教的经历，但最终还是回到了文学期刊——《人民文学》，她为很多名家和文学新青年修改过稿件，并主动向当时尚在困境中的汪曾祺约稿，激发这位新一代文学家创作的勇气，这才有了《羊舍一夜》的精品之作。她甚至要为来稿的沈从文修改错别字，毫不客气地指出他文中"的、地、得"的错误用法。她编辑过很多优秀作品，最后也包括《沈从文全集》这样的巨著。她喜欢养月季花，喜欢养鸽子，喜欢吟诵古诗。她虽然下过乡、种过菜、养过猪，甚至在家人看来（长子沈龙朱的回忆）她的手指始终是粗糙的、变形的，冬天贴满橡皮膏……，但在外人看来她的经历依然是那么富有诗意和传奇，她的情感依旧炽热和细腻。

张充和早年进入北大学习，后因病休学。在早期曾接手《中央日报》副刊责编工作，后在抗战时期进入过教育部音乐委员会工作，得以与教育部官员接触并有合作。乃至亲自主笔整理民乐，文稿得以交到时任国家领导人手中（目前在国内历史档案馆有保存）。但她却并不喜欢在"仕途"的生活，在抗战后及时回到苏州，与姐弟们组织恢复私立乐益女中，她还亲自任教。婚后即赴美做起了大学图书馆管理员，在美国期间也曾接触过一些富人阶层，但她自陈"财富可不会传染"，因此，她还是更愿意守着自己的"小天地"，与朋友们拍曲、练书法，或者自己种菜、照顾孩子。但她也接触过国内一些文化人士，例如曾担任文化部部长的王蒙赴美写作时，让张充和帮忙理发，因为那时美国理发很贵，而国内作家尚不富裕。后来张充和回到北京举行个人书画展时，王蒙先生还前来祝贺，当时中国现代文学馆馆长舒乙先生也在，他的父亲老舍也与张充和非常熟识，张充和还开玩笑地说，她的理发工具都还在，随时欢迎王蒙先生。

张家六个儿子，无论是历史学家、报馆编辑、音乐家、植物学家、教育家、音乐指挥家，都没有涉及政界，他们只是默默地在各自的领域奋斗，或是出版专著，或是教授学生，或是培育新的植物品种。就连他们的后代也是如此，有的继承家学，成为摄影家、音乐家、气象学家、工程师、图书馆管理员等，就连张充和与傅汉思的两个孩子，后来也成为飞行师和临床医生。他们更愿意成为某个行业的专业人员，为社会服务，也为自己的兴趣而继续努力。如张宇和先生，曾担任过江苏中山植物园的副主任。有一段时间园内竟然有人申请规划建造办公室，为此张宇和对于这种违反法规的事情极力阻止，并据理力争，虽然后来工程停了。但他还是因此得罪了相关人士，而且他当时也是"孤军奋战"，因此人们称他为"淮勇"。在宇和先生去世后，家人根据其遗言，把他与植物园融为一体，化为自然的一部分，可见他对植物的热爱，对自然的崇敬。

> 九如巷的虎耳草，据说来自沈从文故乡湘西凤凰

> 张兆和把沈从文的骨灰拌着（自己种植的花卉）花瓣埋入湘西大地

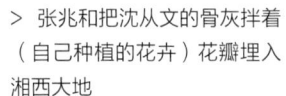

涓涓细流，如水如风

张家文化还要从张树声的父亲张荫谷追溯一下。张荫谷身处科举时代，通过了考试成为一位秀才，但此后三次参加科举考试，都没有再上榜。由此张荫谷便放弃仕途，开始专心于山乡事业，耕读之家，白天耕耘，晚间读书。对孩子依旧是重视读书教育，聘请私塾老师，广交各界朋友。在乡间，山高皇帝远，凡事多有当地士绅出来公断。张荫谷出身书香门第，能处处抚恤乡民，并以公道著称。每当乡间出现纷争，都会请他出来主持公道。当太平天国事起后，各地组织团练自保。张荫谷颇有先见之明，组织各方力量，努力寻求自卫，太平军曾对三山多次进攻无效。

当清军节节败退时，甚至有的地方军投降了太平军，张荫谷却始终坚守自己的信念，他觉得太平军是不会取得最后胜利的。他还劝说周围的团练部队，不要作出错误的判断，甚至不要相信投降的清军。当李鸿章奉旨回乡组建淮军时，第一个想到的就是张家组织的团练力量。张荫谷与李鸿章的父亲李文安也颇有交情，并且曾并肩作战，这期间可能使得他拥有更多的情报。

因此，无论如何都应该提及张荫谷对于家族的贡献，这位读书人没有执着于仕途，而是转而投向家庭，投向了社会的治理，依靠一个读书人的力量，逐渐改变了一个家庭、一片土地的未来走向。

而张家文化延续到张冀牖一代时，他也没有固守陈规陋习，沉溺于辉煌的过去，以及安逸的现在，而是主动去改变一些什么。因为接触了新生的文化形态，因为多读了一些进步书籍和刊物，他的思维具有革命性、进步性的，包括举家迁徙，创办女校，以及在校园刊物上允许批判地主阶级的腐朽和堕落。他能容忍一些自我批判的思想，更愿意看到新生的一代，包括自己的子女能够有更大作为。他的血液里有着祖辈、父辈开放性的基因，而他更愿意主动融入新时代的思想中，为自己，也为下一代构建更广阔的天地。

没有什么是不变的，唯有引领才不会掉队。张冀牖常常会出现各种看起来古怪的做法，例如让儿子在走廊里睡觉，以锻炼他的胆识；他会半夜里突然来一场"紧急集合"，让学生们半夜里起来集合，看看他们的应急能力，以防万一发生火灾或者战争了，使得他们能够拥有更高的生存能力；他会在办教育之时去拜访蔡元培、马相伯、吴研因等教育名家，而不是"闭门造车"，须知那时候有的女校还要求女生束胸呢。

一间黑屋子,
这里面,伸手不见五指。
一直关闭了几千年,
在懵懵懂懂中,生生死死。

呀!前面渐渐光明起来,
原来门渐渐开了——刚宽一指。
齐心!协力!
大家跑出这黑屋子。

不要怕门开得窄,
这光明已透进黑屋里。
离开黑暗,向前去吧,
决心要走到光明里。[1]

这是张冀牖1919年的新诗,献给勇敢的"五卅运动"。他所创立的乐益女中的平林中学(男中)则是大力支援"五卅运动",张家孩子和学生们一起走上街头为之募捐,做爱国演讲,做义务演出,"窃以为人间世为过去现在将来所构成,过去良好环境和情感,诚宜重视……"① 1932年,张冀牖在毕业校刊上向所有毕业生寄语,不忘过去,珍惜现在,开拓未来。

---

① 《乐益女中毕业校刊》。

张家人无论到了哪里，都不会忘记他们的老家在合肥肥西乡下，在苏州九如巷；而乐益女中的毕业生无论去了哪里也不会忘记，他们所在的苏州皇废基校址。那里曾是一座元代末期的宫殿，但在明代初期就化为了灰烬。此后历经风雨，成为过官家刑场，也变成过体育场。后来成为一座新兴的女校，这座名校就如同涓涓细流，滋养着一代又一代的新生力量，也滋养了一代又一代张家后人。

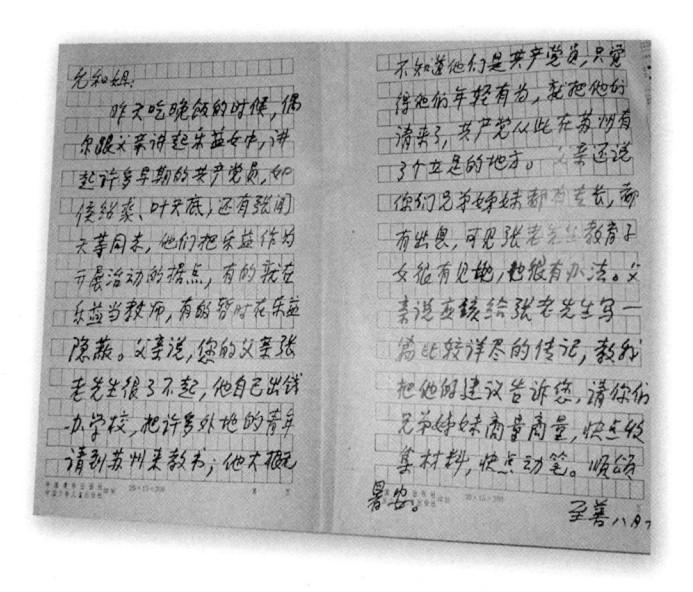

> 叶至善（叶圣陶之子）致信张允和，要为张冀牗作传记

新生的力量

张家十姐弟各有所长,但是张充和说她们十姐弟中四个姐姐却是名声更响,这是因为在学术上"重女轻男",毕竟早期女性缺少读书的机会,而不是说四个姐姐比六个兄弟更多才多艺。这种说法当然带着一些自谦和客观,但是四个姐姐似乎更因为处于激荡的历史之中,因此所经历的也要丰富一些。

而张家从十姐弟到了"以"字辈时,也就是十姐弟的下一代,相继也走出来一批新的人才。张元和的女儿凌宏(被凌海霞收养)毕业于著名的苏州中学,后考上复旦大学,赴北京工作,所嫁的也是铁路战线上的工程师和统先生(清华大学研究生毕业)。退休后赴美,继续协助母亲为推广昆曲文化而奔忙。

张允和之子周晓平则为气象学家、中国科学院地球物理研究所(现大气物理研究所)研究员。20世纪60年代初,他和巢纪平先生合著完成了《积云动力学》一书。周晓平对于中国自然灾害天气的研究成果极为突出,曾担任大气物理研究所副所长,第六研究室(中尺度和对流风暴研究室)主任,为大气物理研究所的建设以及中小尺度天气动力学学科的发展作出了重大贡献。他也是国务院早期批准的博导，为国家培养出了一大批的优秀人才，他们一直活跃在国内外的科研和业务领域第一线。

张兆和的次子沈虎雏先生曾任北京工商大学（原北京轻工业学院）机械系室主任、副教授。在国家教育科学八五规划重点研究课题"理工科学生思维能力培养的试验研究"中承担设计方法学课程的教学实验研究。他学的是工科，但却能写出富有文学深度的文章，而且《沈从文全集》的出版离不开他的倾心整理和佚作收集，须知要从笔名和文风上加以辨别父亲的文章，是很不容易的，他因此做出了极大的贡献。

虽说沈从文的长子沈龙朱也是工科毕业，但他却能理解父亲的文学思想，并且可以为之配上合适的插图。其实龙朱先生最早是极喜欢绘画的，高中时一度想跟表哥黄永玉学画，打算报考美院。但那时的风向是科技报国，学习数理化，因此他就改学工科，就读北京工业学院（现北京工业大学）。但他并没有放弃画画的爱好，为巴金、杨荫浏、杨振声、金岳霖等，也为父亲沈从文、母亲张兆和、四姨张充和等人画了肖像作品，同时还为一起游泳的近百人做了肖像素描。他的画作也受到亲友们和学术各界的喜欢，有出版人甚至希望能够出版一本书，让更多的读者看到这些精美的画作。

而沈龙朱对于中国月季花的种植和经营，也是有贡献的，他和友人培植和经营的月季花曾得到张爱萍将军、蒋恩钿女士（月季花专家）、作家冰心等人的关注，影响一时。

张充和的儿子傅以元是飞行员,曾参加过美国空军任务,女儿傅以谟则是一位关乎女性生育的医生。他们虽然都是外国人,但是张充和仍以张家的辈分为他们取名。

张宗和的女儿张以䘵是贵州师范大学文学院的教师,退休后曾致力于父亲的回忆录和日记出版,并已经整理出版了多部张家著作。张宗和曾替贵州师范大学历史系买了一批文物,其中有一件是唐代《敦煌写经卷》,后来这部经卷成了该校重要文物。

张寅和的子女、张定和的子女、张宇和的子女、张寰和的子女、张宁和的子女也都是学有所成,如张寅和的子女有工程师,也有他曾担任过的会计职业;张定和的儿子以达是合唱团指挥,获奖无数;张寰和的儿子以迪是职业摄影师,可谓继承了父亲的爱好;张宁和的子女有设计师、法新社记者。

总之,张家"和"字辈以后也在逐渐走出去,有的去了美国,去了法国,有的开设了自己的公司或者创业的机构。

再以张充和的堂弟张煦和为例,他的父亲张成龄曾与张充和同为识修收养的孩子。张煦和也是继承家学,爱好诗词、书画,并且成为一代书画家,作品多次参加全国性展览,与韩美林、黄永玉、黄永厚等也都是极好的师友。

而张家"和"字辈另一位非常了不起的人物张鼎和(张璋),为革命烈士,于1936年光荣牺牲,他的子女在极端苦难中成长,迫不得已,他的夫人吴昭毅把一个女儿送人寄养。后来女儿张小璋参加革命,进入《天津日报》工作,并担任过天津大学宣传部部长。2020年夏季,95岁高龄的张小璋得知家乡肥西发大水,于是向肥西县红十字会捐赠现金 10 万元用于防汛救灾。她的儿子张以瑞 18 岁时考入了当时赫赫有名的北洋大学机械工程系，毕业后成为一名杰出的技术人才，担任过国家物资部机电局副局长，可惜于 1966 年牺牲。

> 张充和和龙朱在昆明。沈龙朱绘画

> 张允和蜡染工艺藏书票（以骐制作）

一粒种子

张家孩子无论去了哪里，似乎总能开辟一片天地，成为一粒种子，生根发芽，开枝散叶。

张允和跟随周有光进京生活后，便接触到了北京昆曲研习社，从此介入其中参与工作，上承当时昆曲辈分较高的"传"字辈，如沈传芷、朱传茗、张传芳、华传浩等名角。补充说明一下，她的姐夫顾志成（顾传玠）也是传字辈演员。张允和把这些"传"字辈演员请到北京，尊为师长，共同演出了《牡丹亭》，从而成为新中国成立后第一个演出全本《牡丹亭》的曲社，影响一时。当时上海、南京、苏州、扬州等地的昆曲演员或曲友也来交流和学习。

在曲社运营期间，张允和注意团结老、小演员和专家，长者如著名学者俞平伯、许宝驯（俞平伯夫人）、范崇实（爱国实业家，当时已70多岁，扮演杜宝）、陈竹隐（朱自清夫人）、俞锡侯、俞振飞、吴南青（吴梅之子）等，小的则有9岁进剧组的许淑春。

曲社不但注意吸收各界曲友，如书法家欧阳中石父女、北京大学朱德熙教授、中文系教授林焘，还有文史学者朱家溍、国学名家楼宇烈、京剧名家宋丹菊等，还注意邀请老一辈艺术家前来指教，如请沈盘生教授小生戏和雉尾生戏，邀请南方的名家郑传鉴、王传渠到北京住下来教戏。

曲社部不是一个仅仅传承曲目的公演机构，还为各个专业剧团输送"新鲜血液"，如为江苏昆剧院输送了小生王亨恺，为北方昆曲剧院输送了张玉文、李梅，为上海昆剧团输送了胡保棣。同时还为北京大学戏曲史专业、北京师范大学中文系、中国音乐学院、中国戏曲学院、北京朝阳业余大学等院校提供现场演出示范，从而使得这些学校的相关课程更加生动立体。

北京昆曲研习社从1956年后恢复筹建，到"文革"期间暂停，再到1980年恢复活动，其间恢复演出了大量的传统曲目，并于上海、南京、扬州、天津等地举行联欢演出。同时还与海外昆曲社联谊互动，迎接过美国归来的语言学家、曲友李方桂和夫人徐樱，还有张充和一行。可以说，曲社运营得到了各界关注，文化部、北京市文化局、北京剧协等部门都给予政策和经济上的支持，使得北京昆曲研习社成为中国艺林的一朵奇葩。

张允和年逾八旬还活跃在昆曲普及的舞台上，她爱昆曲，就如同爱自己的生命。而这热爱之中，仿佛有一粒种子在悄悄生根发芽，不只是她的丈夫、儿子、孙女，就连家里的保姆也都知道昆曲艺术的魅力所在了。

难怪国内戏曲研究名家赵景深在20世纪60年代致信在台湾的张元和时提及："你的二妹允和在北京（昆曲）研习社。说来有趣，本来她是演旦的，近来突发奇想，要演丑角了，在《守岁侍酒》里，她扮演书童，演得很活泼生动。二妹夫周有光是语文专家，前些天还到我们复旦中文系来做过一次报告。你二妹还编了一本《新诗韵》。"（张家收集信件内容）

赵景深提到的这本《诗歌新韵》，是由上海教育出版社于1959年11月出版的小书，第一次印刷就有22000本，可见出版社对于这本书的重视。查周有光年谱可知，周有光于1957年从上海经济界被调往北京参加文字改革工作，1958年参与起草《汉语拼音方案》工作。或许这本书是张允和协助周有光工作的一个见证，但这本著作却是业界一本极早的工具书，而且通俗好用。

张充和到了美国交往的不只是当地的朋友，更多还是国内的旧友，如北京大学的校友严倚云（严复之孙女）与夫君高叔哿，还有昔日的乐益校友许文锦和夫君钱存训，赵元任与夫人杨步伟，两朝帝师翁同龢的五世孙翁万戈与夫人，苏州九如巷老邻居王季迁（收藏家、书画家）等。也包括傅汉思的学生宇文所安、史景迁、康达维等，自己带出来的昆曲弟子陈安娜以及洋弟子薄英。向她学习书法的有白谦慎先生、华人德先生，耶鲁大学执教的苏炜先生，曾任普林斯顿大学葛斯德东方图书馆馆长、后在耶鲁大学执教的孙康宜女士，以及著名国学宿儒饶宗颐先生。

傅汉思在耶鲁大学执教时，不但去日本拜访著名汉学家，还带着张充和一起在那里做访问学者。同时也会邀请一些国学人士到耶鲁大学讲学。1970年，傅汉思就邀请在香港的饶宗颐先生到耶鲁大学讲学，为时一年。每个周末，傅汉思、张充和都会请饶宗颐到家中吃饭，饶宗颐还借用张充和的文房四宝作书画，在那一时期，饶宗颐填词较多，结集为《晞周集》，其中收有张充和的唱和之作。张充和还以书法把《晞周集》抄录影印出版，如今这部书难得一见，即使在市场上见到也是价格奇高。而两人当时把诗词谱曲以笛伴奏，曲声悠悠，更是成为风雅绝响。

说到傅汉思对于汉学的贡献，值得赘述几句。他的代表作《中国诗歌中的梅树》《中国民谣〈孔雀东南飞〉中的程式化语言》以及《曹植诗十五首——一种新方法的尝试》都深受海外汉学家推崇。汉学家康达维说过，《中国诗歌中的梅树》在植物名称英译方面给他带来了深刻的启发，《曹植诗十五首》则是他本人古诗研究起步阶段的模范。毕嘉珍继承傅汉思的梅花诗研究，成为北美墨梅研究的权威。安妮·白丽儿受傅汉思乐府研究的影响，亦成为北美乐府译研的专家。甚至就连傅汉思译作的《木兰诗》都成为迪士尼影视拍摄《花木兰》时引用的版本。

傅汉思则把自己的灵感归功于妻子张充和，他甚至以梅花意象比喻妻子在他心目中的诗意印象。

> 张充和百岁大寿演出海报

> 北京昆曲研习社《社讯》

家风拾零

玖

好玩极了

张允和在平常生活中,遇到什么值得称赞的事情,或是幽默的事情,都会来一句:"好玩极了!"就连在文章中也会用到这句浅显直白的口头语。周有光先生也被感染到了,遇到印象深刻的事情或者朋友,也会用到这句口头禅。就连常去周家走亲戚的周孝华女士也记住了这句话,她回到苏州后还常说:"好玩极了!"

油焖笋

张寰和夫人周孝华女士也是淮军之后,善于烹饪,每次有客人来,都是她亲自采购、亲自下厨。很多张家人,包括张家朋友都吃过她制作的美食。有一道油焖笋,要用苏州本地时令春笋,用菜油，铁锅，全程不许加水，只是用油焖，文火。吃起来入味、爽口，下酒极适宜。著名文化学者郑培凯先生因为夫人鄢秀与张家是亲戚，多次吃了不过瘾，还要打包带回香港佐酒。

周百科

20世纪50年代后，周有光从本业金融高管变为文字工作者，从此兢兢业业为中国文字改革出谋划策，与同事们构筑了拼音字母的大蓝图。而他还作为专家参与编纂了《简明不列颠百科全书》中文版。

改革开放时期，中美两国要开展文化合作工作，其中一项工作就是要翻译美国的《不列颠百科全书》，但考虑到国内当时的购买能力，决定先编辑简明版。《简明不列颠百科全书》中文版的三位编委分别为周有光、钱伟长、刘尊棋。为此沈从文给连襟取名"周百科"，常在信中以此代称。他觉得周有光先生特别博学，值得学习。

> 周有光、张允和、张寰和、周孝华畅饮下午茶

> 周孝华每年都会把梅花剪下来赠人

去世了啊

张充和晚年时爱开玩笑，2004年她回国到苏州举行个人书画展，当地电视台上门来采访。当时有记者弄不清她们四姐妹的名字，就来询问，说请问哪位是张允和女士。允和是二姐。张充和与朋友们正在喝茶聊天。张充和说，张允和女士去世了。记者很是惊愕，不敢相信自己的耳朵。他们可是奉命前来采访的，去世了怎么完成任务呢？于是再次确认。实际上张允和是于2002年去世了。张充和与朋友们看着记者着急的样子，都不禁乐了。

"听电话"的照片

张冀牖早年常去上海拜访教育名家，有一次住在四川路新亚大饭店，他一手握着电话听筒，一手按着电话按键不放下来。他让"御用摄影师"、五子张寰和给他拍照。他要拍一张"听电话"

的照片,其实他的双耳是患了重听的,平时几乎不接电话,这张照片就是他突发奇想的"行为艺术"。可惜这张照片后来被毁了。

一个字的电报

　　沈从文上门求婚张家三姐张兆和,背后的推动者二姐允和后来被沈从文戏称为"小媒人"。当张家三姐答应后,就按照沈从文的说法去发个电报给他。张允和陪着三妹去邮政局发电报,当时张允和就发了一个字"允":一是代表允许了,答应了;二是落款允和。回到家后,三姐兆和还是觉得不妥当,就又去邮政局补发了一封电报:"乡下人,来喝杯甜酒吧!"这一回放心了,后来沈从文戏称这封电报为"蜜报"。

> 张充和、傅汉思、张兆和、沈从文、张允和、周有光在北京合影

> 张元和（前中）在上海大夏大学时与同学合影

四姨父——伯伯

傅汉思早期住在沈从文家,常与沈家两位小公子玩耍,次子虎雏尤其喜欢傅汉思。或许是看出来傅汉思喜欢小姨妈,当看到他们在一起时,小家伙就在称呼上故意拉开了字句的长音"四姨父——伯伯"。有时则是"四姨——夫(父)伯伯",弄得大人们会心一笑。当四姨结婚时,虎雏更是觉得好玩,甚至问他们什么时候再举行婚礼,大人不解,虎雏说,到时候又有蛋糕吃了。

一介之玉

张家大姐张元和,因爱好昆曲结识著名小生顾传玠,一个大家闺秀,一个昆曲小生,在当时"唱戏的"算是三教九流,因此元和担心舆论。为此元和致信二妹张允和一诉衷肠。但是在信中却没有提及这个男生的姓名。张允和心知肚明,于是回信时含蓄地表述:"此人是不是一介之玉?如是,嫁给他。"顾传玠是他在昆剧传习所时的艺名，那时所有艺人的最后一个字都带一个玉字旁，因此允和玩起了猜字谜游戏，一语中的。

堵门讨字

四弟张宇和喜欢书法，尤其喜欢四姐张充和的书法，可是一直没有得到。但他知道，四姐每天凌晨 4 点起来练书法，有一次趁着四姐回到九如巷，宇和就早早堵在门口，说这回不给（书法）就不放四姐出来了。四姐无奈，只得拿书法换"自由"。在苏州时，常有讨要四姐书法的，宇和看不过去，他就毛遂自荐，要为四姐捉刀代笔。不过他的书法的确可以假乱真，尤其对于看热闹的讨字人来说。

大弟新娘俏

张充和还没回到苏州时,三个姐姐常常喜欢和大一点的弟弟一起玩游戏。有一次参加完别人家婚礼回来,就玩嫁新娘游戏。把最受宠的大弟弄来,三个姐姐一顿忙活,把他装扮成一位新娘子,裙子则是用一块大手帕裹起来的,大弟又白又胖,很是喜气。二弟则被扮成了新郎官,让他们玩拜堂游戏。保姆则围过来用嘴伴奏,吹吹打打,好不热闹,可是玩到"夫妻拜堂"时,二弟不小心把宗和的大手帕扯掉了,大弟一看裙子没了,马上就哭了。姐姐们赶紧过来哄着他,"别哭,一哭脸上化的妆就花了"。就这样欢欢喜喜地把游戏玩到底。后来,大弟倒是成为一代曲家,会吹笛子,擅长小生戏。

> 张充和回到九如巷也是每天凌晨起来练书法

> 张寰和与巴金合影

借钱

沈从文与张兆和婚后不久，张充和与张宗和正好在北京上大学，常因事去沈从文家。有一次，姐弟俩与友人约在沈从文家集合后去看昆曲，正好赶到有人来向沈从文借钱。沈从文一向是热心肠，有借必应。但这次兜里估计没有钱，于是转向大舅子、小姨子要钱，说等自己得了稿费就还给他们。借完钱给了人家后，还不忘"教育"这姐弟俩："年轻人应该多用功读书，怎么能去看戏呢！浪费时间！"后来张充和说，看来父亲（张冀牖）的热心肠是传给女婿了。

住旅馆

张冀牖是个书痴，每次去上海都会买书看，一家家书店兜过去，后面的伙计跟着，最后实在拎不动就回旅馆。如果住在旅馆三天不搬家，基本上就难搬了，因为书堆得实在是太多。

张冀牖在苏州买书是在几家大书店预订,新书随时可以送来,一年分三期结账。

"七岁红"

张元和7岁的时候,住在上海跟着大人去看戏,看的是"七岁红"(名角高三贵)的戏,其中有一段武戏,就是从高处纵身跳下。元和夸海口,要给妹妹们表演一下这段戏,她也做"七岁红"。说干就干,搬桌子、叠凳子,再搭上一层,舞台上的"七岁红"可是从三张桌叠起的高处跳下来的。

桌子、凳子叠三层,元和爬了上去,望了望下面,太高,不敢跳。没办法,只好下来,撤掉一层凳子,然后站上去,还是不敢跳。他最终承认自己没有勇气跳下来,觉得自己在妹妹们面前丢了脸,到了晚年还记得这件"糗事"。

校花组团追星

元和爱昆曲,也爱看昆曲,到上海大夏大学就读时,被同学们评为"校花"之"皇后"。她常常带着同学去大舞台追星,看顾传玠的演出,《狮吼记》《太白醉写》,有时还写信点戏。没想到第二天顾传玠果然演出了她点的戏目。

后来顾传玠离开了舞台,但是仍参加公益义演,有一次为救火会募捐在昆山义演,元和知道后赶紧打电话给家里,让爸爸带着几个弟弟一起来观看演出,一时间好不热闹。

冒充亲属探监

1936 年 5 月,救国会"七君子"案在苏州审理,七君子成员之沈钧儒、章乃器、邹韬奋、李公朴、沙千里、史良、王造时被逮捕入狱,当时不少人义愤填膺,打抱不平。周有光、张允和因为与邹韬奋、章乃器熟识,于是就让他们的家属住在苏州家中,安排吃住，床不够了就打地铺。张允和还亲自去监狱为他们送被褥、衣物，还让家里的厨师烧好饭菜送进去，至于别人说这些人是"敏感人物"，她也不在乎。当狱方问及身份时，她则说是亲属。这或许是张允和一生中唯一参与的政治事件。而后张宗和也以亲属名义进入监狱，为章乃器、邹韬奋送过桌子、椅子，还和他们相谈甚欢。

> 抗战时期，张镕和、张允和、曹禺夫人郑秀、章乃器夫人胡子婴等在章乃器家中合影

> 合肥张家毓秀堂刻本古籍

> 苏州乐益女中校刊《乐益文艺》

> 张家烈士张璋（张鼎和）纪念文集

> 张宗和作品集《秋灯忆语》早期版本

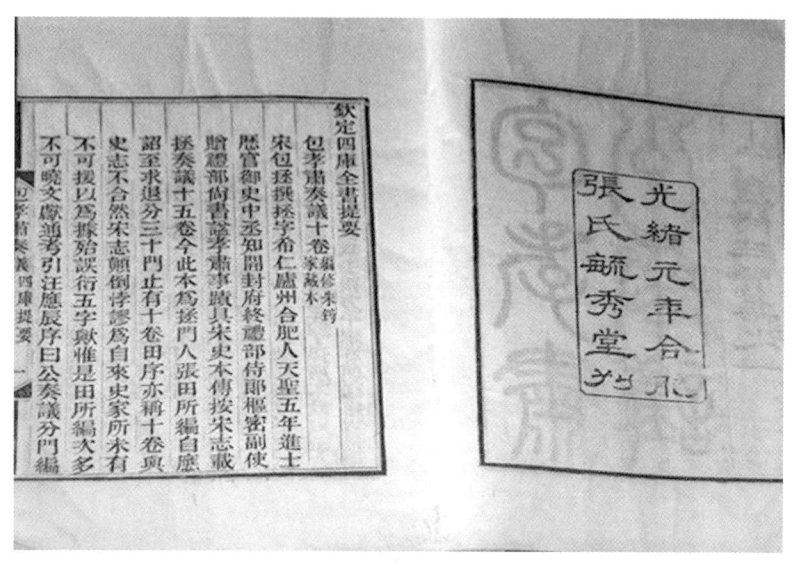

玖 / 家风拾零　213

> 张宗和作品集《秋灯忆语》封面

> 张宗和作品集《秋灯忆语》封面

> 张宁和与吉兰著作《音乐表情术语字典》封面

> 张元和昆曲身段谱册子

> 张宇和著作《植物的"驯服"》

> 张充和诗词集《桃花鱼》扉页

> 张宗和的部分藏书

> 张元和签名版《中国历代才女诗歌鉴赏辞典》，其中收录有元和、允和诗词

> 《中国历代才女诗歌鉴赏辞典》，其中收录有张元和简介

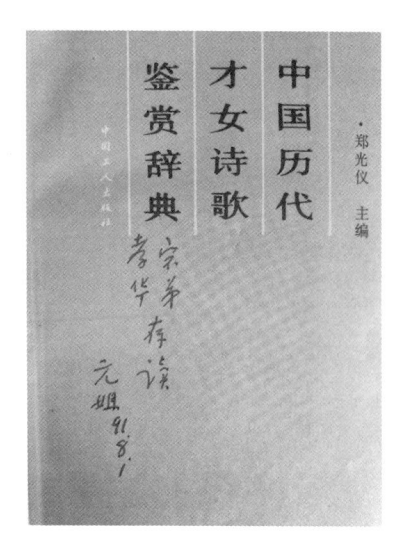

我們的學友
充和

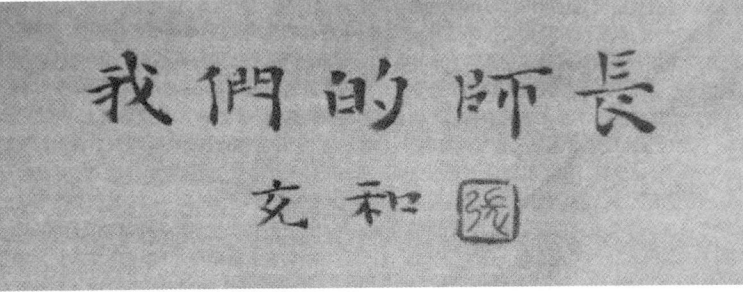

我們的青春
充和

我們的師長
充和

> 张充和为北京大学中文系百年出版物题签

> 张定和制作的家庭内刊

> 张充和应邀为昆曲出版物题签

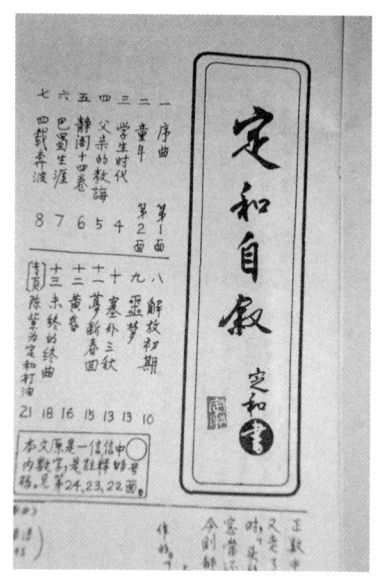

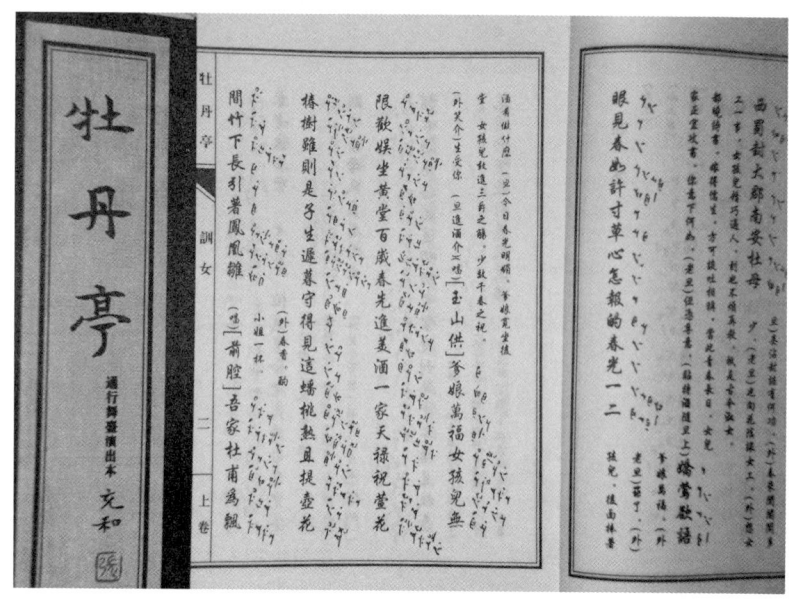

> 1946年，张家十姐弟在上海合影（上海万氏摄影）

后记

没有家风的家风

合肥张家有明文的家风吗?

至少从张冀牖这一代开始,已经完全没有形成文字的家训、家规。

但是在张树声之父一代,即张荫谷时期,显然是有的,只要去看看李鸿章为张荫谷作的墓志铭就可以看出来,张荫谷是始终主张家里人读书的,而且要求兄弟敦睦,家族之间互相帮助,膝下子弟文武兼修。这是对内。对外则是散尽家财,招纳贫户;在乱世之中,组织团练,扩充武装部队,进行自卫。

"公(张荫谷)状貌凝重,有坚卓不摇之概。"[①]可知张荫谷是一个极富有原则的人物。"生而端毅,刻励为学,无子弟之

[①]《合肥张氏族谱》张树声(纂修),张氏惇叙堂刻板,清光绪二年(1876)。

过。仁心义质，与年相长。"① 张荫谷的性格里一定具有一些坚毅的气质，从而在当地能够服众，并赢得大家的信任。

张荫谷有九个儿子，在农业社会时期，家中需要大量劳动力，并且要维护一个家族的安全，也需要具有一定数量的家庭成员。所谓"不孝有三，无后为大"，多子多福也是那个时期很多家庭的普遍追求。

但是孩子可以多生，却不能没有教养。该如何教养他们，如何才能出人头地，如何才能保住家族的威望，这恐怕是张荫谷要面对的现实。

因此我们从他的孩子中可以看出来长子张树声的"慎独"、二子张树珊的英勇无畏（战死沙场），也从张树声的后代中看到了务实、忍耐和好学。

张树声在家乡有一个尊师的故事。说的是张树声在外为官后回乡，在半路上看到了昔日的老师，但是他喊老师，对方却不回应他。张树声走下轿子，赶忙去追老师。原来老师正在背筐捡拾大粪，张树声则主动上去帮老师背筐，老师这才回应他。老师是在有意考验一下这位学生是否忘本了。

张树声有兄弟九人，以张树声官职最高，而且深受朝廷器重，曾代理李鸿章的直隶总督职务，并被皇帝召见谈及未来政治。张树声身居封疆大吏，却始终克勤克俭，他给家中的三弟张树槐的信中写道："兄十年宦海，各缺出息及向不妄取一文情形，亦为

---

①《合肥张氏族谱》张树声（纂修），张氏惇叙堂刻板，清光绪二年（1876）。

人所共知，此时岂真力有盈余，不过于廉泉一勺中省吃俭用、勉措前项，期与弟等同甘共苦而已……子云学莫大于治生，饥寒交迫而廉耻之不丧，惟贤哲之子弟能勉之。"①

张家显赫之后，专门成立了私家刻书坊之毓秀堂，不仅仅是刻印家谱，也刻印了庐阳三贤——宋代包拯、元代余阙、明代周玺的文集，弘扬先贤精神，继承先贤学识。

光绪元年（公元1875年），张树声丁母忧回乡。丁忧期间，他联合当地名绅共同创办"聚星书院"，请李鸿章、左宗棠等人题写匾额、门联。后来张家老宅老圩子成为一所中学，可谓历史的巧合。

张树声修订的家谱全本现藏在日本，对于张家籍贯和家族成员都进行了详细的记录。或许正是在那一时期，定下了后代的辈分用字。"和以致福，善可钟祥，承熙永誉，邦家之光。"张家十姐弟正是"和"字辈的一代。如今，张家已经走到了"福"字辈，仍在坚持着这个名字排字。

张家到了张冀牖这一代，完全如同大时代变革一样，焕然一新。没有祖宗牌位，没有神像，没有祭祖的惯例，甚至不大提起祖父一代的煊赫事迹。但这并不代表家族里完全剔除了他们，毕竟旧有的观念尚在。有一次，张冀牖母亲的烟瘾犯了，可是她又坚持要戒掉这个毛病，为此她所表现的痛苦使得张冀牖实在看不下去，甚至跪下来央求母亲继续抽大烟，只是母亲并没有答应他。

---

① 《张树声文集》彭均生校点，黄山书社2022年12月，第349页。

孝行为先。张冀牖可以容忍长辈的错误和痼疾,他不想看到他们受苦受难。但对于新兴的一代,他又是那样的"苛刻"。新年家里大放假,用人们围在一起赌博,也不是什么大的坏事情,可是张家姐弟却围过去看热闹。他们不敢参与。但这样也不行,张冀牖就对几个女儿说,谁喜欢看昆曲,学昆曲,他就给她制作新衣裳,漂亮的、华丽的新衣裳。这样的引导,显然是能够打动女孩子的。

作为一家之主,张冀牖似乎从来没有订过什么家规,也没有强调过什么家风。就连允和在少时都可以拿梳子打他的头,因为他老是让允和帮他梳梳头,可是允和却抱怨他总是和自己挤一辆黄包车,她希望自己可以单独乘一辆黄包车。后来父亲答应她,不再挤着她,让她单独乘车,这样允和才愿意继续帮他梳头。

在读书或者唱昆曲的时候,张宗和曾尝试把白居易的《长恨歌》译成白话文,张允和则把昆曲《牡丹亭》唱词译成白话文故事,张充和则很早就想把经典昆曲译成英文。张充和由于在老家上私塾的原因,对于新课程几何、英文学习不够,她就主动向大弟学习几何,向二弟学习化学,向英文教授高昌南学习英文,并尝试翻译一些文章。

张宗和有一次借了四姐几块钱,没有及时还,被家里保姆说是对姐姐(财力)"揩油"。张宗和为此较真据理力争,说姐弟之间相互之间借点零花钱,怎么能算是"揩油"呢,这不是正常的你来我往吗?如果这都算是揩油,这么斤斤计较的话,那将来岂不是要闹分家产了?

记得张宗和的日记里曾写道，在抗战胜利后，他们十姐弟回到苏州一起恢复了乐益女中，那时父亲已经去世多年。他们几乎是倾其所有，男的拿出了积蓄，女的当了首饰。长子宗和做校长，四妹充和题校名，三姐、五弟，加上亲眷在乐益女中任教。这才使得一所停止了太久的学校得以复兴。

张家也有面临分家产的时候，在抗战后，家里的土地无暇顾及，于是大家商议后决定分一分。分土地时，男女平等，让张冀牖的遗孀妈妈韦均一先挑一份，此后大家再采取抓阄的形式进行。

当张充和去了美国之后再回国时，她总是很大方地给姐弟家购买精美的礼品，有时是给现金，但不是所有人平等，而是给予最困难的人家补助。例如二弟家，因为寅和的早逝，家里相对来说比较困难一些，张充和回国后每次都会去家里探望，张允和更是在此前多次探望给予实际的帮助。

九如巷三号，虽然最后只有张寰和一家住在那里，但是他总是说，这里是十姐弟共同的家，谁家回来都可以住。周孝华女士则更是如此，无论谁家来人了，总是尽量安排住在家里，而不是到外面去住酒店。至于饮食方面，她更是安排妥当，早早备好了苏州的特产，时令的水果，如东山橘子、杨梅、枇杷，或者老字号的糕点和卤菜，以及自己拿手的"十样（香）菜""油焖笋""烂面饼"、清炖鸡汤等。然后张以迪、张致元会驾车带着家人逛园林、游览古镇、泛舟于太湖之上等。沈从文带着孙女住在九如巷时，长达几个月，那时尚处于"计划经济"时期，周孝华赶在凌晨拿票去排长队"抢购"肉菜，确保"大作家"和"小画家"（沈红）营养跟得上。沈红更是与表姑们相处得特别好，亲若母女，甚至还指认一位姑姑为"干妈"。

当很多人忽视了沈从文这位大作家的存在价值时，亲朋们总是尽可能前去探望，或是尽可能地给予适当照顾，他们始终相信，沈从文作为文学家、文物学家的无限价值，总有一天会得到公正的评判。

对于家中的只字片纸，张寰和与周孝华都会极其珍惜，张冀牖的一些诗词稿件在抄家时被丢弃在垃圾堆，周孝华一点点收集精心珍藏起来。现在这些文稿的存在价值，绝不逊于一般的文物。

张家所创立的乐益女中已经被政府重建为红色教育基地，成为一处使公众受益的历史博物馆。这些都离不开张家人对于文化的点滴贡献，更离不开他们每个成员自觉拥有的家国情怀。张家的家风无疑已经从家庭走向了社会，走向国家的层面。

在张宗和的日记里，可以读到唯一有关家风的叙述，说的是在苏州，有的人家说应该多学一下张家的"份"，意思是家庭的和气。"份"这个字很有意思，到底指的是什么呢？值得探究。但是无论如何，家和万事兴，对于一个国家何尝不是如此？

张家的家风很难用一两句话来说得清楚，即使是你问"和"字辈的张家成员，恐怕也很难总结出一个具体的东西出来。但是在他们的内心之中，在他们的行为举止之中，却又无不透露出家风的气息。他们不拘泥于旧礼，却又乐意接受新风尚。张家人喜欢喝下午茶，不一定是特别好的龙井、碧螺春或者老普洱，点心必须是时令的、苏式的，水果则要切得玲珑小丁样，并提供餐具品尝。聊聊古今闲事，可以谈谈有关乐益女中的家国大事，也可以谈谈大文豪、语言学家的恋爱八卦，甚至可以谈谈多少人追求过才貌双全的四姐。

张家的家风影响了四五代人，甚至还在继续无声地、无形地传承着，乃至影响到了他们的亲朋，以及有些关联的朋友和陌生人。有的人去了一次九如巷后，似乎恍然明白了什么是礼仪，什么是文明。

如今，张家私立乐益女中旧址已经被建造成为红色教育基地，布置有"燃血青春——中共苏州独立支部史迹陈列展"，还有情景剧表演——《最难忘的一堂国文课》。吸引了全国各地的游客前来参观打卡。而一墙之隔的九如巷张家也改建了昔日简陋的姑苏小院，变身为崭新的新中式风格住宅，其中仍珍藏着张家一代代人的珍贵史料，书法、绘画、著作、摄影作品、《水》杂志等，还有来来往往的张家后人，以及张家亲友们的身影，似乎都在佐证，张家的斯文家风尚在，期待每一个有心人前去探寻。

最后特别感谢九如巷张家后人为本书提供珍贵图片。

王道　癸卯年处暑后一日

图书在版编目（CIP）数据

斯文家风：合肥张家文化解码 / 王道著 . -- 北京：中国青年出版社，2024.6
ISBN 978-7-5153-7294-5

Ⅰ.①斯… Ⅱ.①王… Ⅲ.①家庭道德—合肥—通俗读物②家庭教育—合肥—通俗读物 Ⅳ.① B823.1-49 ② G78-49

中国国家版本馆 CIP 数据核字 (2024) 第 089159 号

斯文家风：合肥张家文化解码
王道　著

责任编辑：刘霜　罗静
营销编辑：邵明田
出版发行：中国青年出版社
社　　址：北京市东城区东四十二条 21 号
网　　址：www.cyp.com.cn
编辑中心：010—57350508
营销中心：010—57350370
经　　销：新华书店
印　　刷：中煤（北京）印务有限公司
规　　格：880mm×1230mm　1/32
印　　张：7.5
字　　数：160 千字
版　　次：2024 年 6 月北京第 1 版
印　　次：2024 年 6 月北京第 1 次印刷
定　　价：58.00 元

如有印装质量问题，请凭购书发票与质检部联系调换
联系电话：010—57350337